相变储能材料与热性能

刘臣臻　饶中浩　著

中国矿业大学出版社

内 容 提 要

《相变储能材料与热性能》是作者在相变储能方面研究成果研究经验的总结，本书首先对相变储能材料的种类和储能原理进行了介绍；其次分别对复合相变储能材料和相变微胶囊材料的制备工艺和热物性进行了描述；最后对相变微胶囊潜热性功能热流体的制备、热物性、传热与流动特性进行了介绍。

本书可作为能源与动力工程、能源化学工程、新能源科学与工程、材料科学与工程等相关专业本科生的实验参考书，也可供电力、建筑、化工等领域从事相变储能技术相关的研究人员和工程技术人员阅读和参考。

图书在版编目(CIP)数据

相变储能材料与热性能 / 刘臣臻，饶中浩著. —徐州：中国矿业大学出版社，2019.5

ISBN 978-7-5646-4439-0

Ⅰ. ①相… Ⅱ. ①刘… ②饶… Ⅲ. ①储能—相变—功能材料 Ⅳ. ①TB34

中国版本图书馆 CIP 数据核字(2019)第 090655 号

书　　名	相变储能材料与热性能
著　　者	刘臣臻　饶中浩
责任编辑	仓小金
出版发行	中国矿业大学出版社有限责任公司 (江苏省徐州市解放南路　邮编 221008)
营销热线	(0516)83884103　83885105
出版服务	(0516)83995789　83884920
网　　址	http://www.cumtp.com　**E-mail**:cumtpvip@cumtp.com
印　　刷	江苏凤凰数码印务有限公司
开　　本	787×960　1/16　**印张** 9.25　**字数** 176 千字
版次印次	2019 年5月第 1 版　2019 年5月第 1 次印刷
定　　价	35.00元

前　言

随着传统能源的日益消耗，能源短缺和环境污染问题日益突出。相变储能技术主要依靠相变储能材料的相变潜热进行热能的储存，具有储热密度高、储热过程温度近似恒定等优点，在工业余热回收、建筑热调控、太阳能热利用以及热管理等领域具有广泛的应用前景。相变储能材料的物性参数决定了其应用场合。但单一相变储能材料或多或少存在导热系数低、过冷度大、热稳定性差、相分离严重和泄漏等问题。因此，在实际应用过程中一般将相变储能材料与其他功能强化材料进行复合，以改善相变储能材料在储热过程所存在的缺点。

为解决相变储能材料导热系数低、过冷度大、热稳定性差、相分离严重和泄漏等问题，一般需要将相变储能材料与高导热材料、多孔介质、成核剂和黏稠剂等进行复合，或者采用相变储能材料胶囊化的形式。但是在相变储能材料复合和胶囊化时，制备工艺条件对相变储能材料的热物性具有很大的影响。结合研究团队在相变储能方面的研究成果和经验，编写了《相变储能材料与热性能》一书，书中对几种复合相变储能材料的制备方法以及复合相变储能材料的热性能进行了介绍。

本书内容共分为8章。第1章为绪论，对相变储能材料的种类、储能原理和应用前景进行了介绍。第2章和第3章为有机类复合相变储能材料的制备过程及其热物性介绍。第4章总结了无机类复合相变储能材料的制备过程及其热物性。第5章对相变微胶囊复合相变储能材料的制备方法及其热物性进行了描述。第6章和第7章对无机类相变储能材料胶囊的制备工艺和热物性进行了总结。第8章对相变储能材料胶囊潜热型功能热流体的制备、热物性、传热与流动特性进行了介绍。

本书可作为能源与动力工程、能源化学工程、新能源科学与工程等相关专业本科生的实验教材或参考书，也可供电力、建筑、化工等领域从事相变储能技术相关的研究人员和工程技术人员阅读和参考。

本书在编写过程中，研究生吕培召、张轩、陈之琳、赵博和张青文等在文献整理、插图制作、文字校对等方面提供了很大帮助，在此一并表示感谢。作者的研究工作还得到了国家自然科学基金面上项目（No. 51776218）、国家自然科学基金青年基金项目(No. 51806238、51406223)、国家自然科学基金联合基金项目(No. U1407125)、江苏省自然科学基金优秀青年基金项目(No. BK20180083)、江苏省自然科学基金青年基金(No. BK20180649、BK20140190)和中国博士后科学基金(No. 2018M630626)的支持,本书中的研究成果也得益于中国矿业大学良好的工作环境。此外,衷心感谢本书参考文献中所列的全体作者。

由于作者水平所限,不妥之处在所难免,敬请读者批评指正。

刘臣臻　饶中浩

2019 年 01 月

目　　录

第 1 章　相变储能及其应用前景

1.1　相变储能原理

相变储能技术是利用物质在相态转变过程中伴随能量的改变来进行能量的储存和释放，并且在相态转变过程中物质的温度一般保持恒定或近似恒定[1]。相变储能与传统的利用比热储能方式相比，具有储热密度大的优点，如水的比热为 4.2 kJ · kg^{-1} · $℃^{-1}$，而水由固态变成液态时的潜热为 355 kJ · kg^{-1}。通过相变储能技术能够解决能源供求在时间和空间上不匹配问题，可进一步提高能源利用率，在很大程度上缓解能源短缺和环境污染，在太阳能热利用、余热回收、建筑节能、热管理等领域具有广阔的应用前景。

相变储能材料在储能过程中，其能量的变化可通过自由能差来表达[1,2]：

$$\Delta G = \Delta H - T_m \Delta S \tag{1-1}$$

式中，G 为吉布斯自由能；H 为焓；T_m 为相变温度；S 为熵。

当达到平衡时 $\Delta G=0$，此时 $\Delta H = T_m \Delta S$，ΔH 称之为相变潜热。潜热的大小与相变储能材料类型及其相变的状态有关。当相变储能材料的质量为 m 时，相变储能材料在相变时所吸收或放出的热量为[1,2]：

$$Q = m\Delta H \tag{1-2}$$

物质的相变形式分为四种：固-固相变、固-液相变、固-气相变和液-气相变。固-固相变具有相变过程体积变化小和过冷度小的优点，但是该类相变方式的潜热较小，利用价值较低。固-气和液-气这两种相变方式的潜热较大，但是物质相变前后的体积变化较大，从而在实际应用过程中利用难度大。固-液相变方式的潜热一般较固-固相变大，且物质相变前后的体积变化较小，在实际应用过程中被广泛采用。

1.2　相变储能材料

可应用于相变储能的相变储能材料种类繁多。按照相变储能材料的相变温度不同可分为低温相变储能材料(<20 ℃)、中温相变储能材料(20～250 ℃)和高温相变储能材料(>250 ℃)[3]。按照相变储能材料的成分构成类别不同,可分为有机相变储能材料和无机相变储能材料[4]。有机相变储能材料主要用于中低温储能领域,无机相变储能材料大多用于中高温储能领域。下面对几类常见相变储能材料的性质和特点进行介绍。

1.2.1 有机相变储能材料

有机相变储能材料的主要类型有高级脂肪烃类、脂肪酸类、醇类、芳香烃类、芳香酮类、酰胺类、氟利昂类、多羰基类等,其中以石蜡和脂肪酸类应用较为广泛[5]。有机相变储能材料具有无过冷、性能稳定、无毒、无腐蚀性等优点,但是存在导热系数低、密度小等缺点。

有机相变储能材料的热物性与其官能团和分子链长密切相关,相同的官能团,分子链越长,则相变温度越高,相变潜热越大。例如,石蜡类相变储能材料是由烷烃组成的混合物,当石蜡中主要为短链烷烃时,其相变温度随着碳原子数的增加而提高。脂肪酸类相变储能材料主要有癸酸、月桂酸等,表 1-1 为几种常见脂肪酸的热物性参数。有机相变储能材料也可通过几种材料进行混合,合成多元体系的相变储能材料,从而制备出不同相变温度和相变潜热的相变储能材料,以达到不同应用场合的需求。表 1-2 为部分二元脂肪酸的热物性参数。由于有机相变储能材料普遍存在导热系数低的问题,因此在实际应用过程中并不直接使用,而是通过高导热材料对其进行强化传热后再进行利用。

表 1-1　　几种常见脂肪酸的热物性参数[6]

材料名称	熔点/℃	相变潜热/(kJ·moL^{-1})
正癸酸	31.3	28.0
十二酸	44.2	36.6
十四酸	58.0	44.7
十六酸	62.9	54.3
十八酸	69.9	63.1

表 1-2　部分二元脂肪酸的热物性参数[7,8]

材料组成	熔点/℃	相变潜热/(kJ·kg^{-1})
月桂酸＋硬脂酸	35.2	166.3
棕榈酸＋硬脂酸	52.3	181.7
羊蜡酸＋月桂酸	19.67	126.6
月桂酸＋肉豆蔻酸	34.2	166.8
月桂酸＋棕榈酸	35.2	166.3
肉豆蔻酸＋硬脂酸	44.1	182.4

1.2.2　无机相变储能材料

无机相变储能材料主要有水合盐类、熔盐类和金属及其合金类等类型。水合盐相变储能材料具有体积蓄热密度大、熔点固定、成本低以及导热性能相对有机相变储能材料大等优点，常用于中低温热能储存。常见的水合盐相变储能材料主要有三水合醋酸钠、六水合氯化钙、五水合硫代硫酸钠、八水合氢氧化钡、十水合硫酸钠、十水合碳酸钠以及十二水合磷酸氢二钠等。表 1-3 为部分常见水合盐相变储能材料的热物性能。尽管水合盐类相变储能材料在储能过程中有诸多优点，但是在应用过程中存在过冷和相分离现象，导致材料储热能力下降，使用寿命变短。因此，在应用之前需要在水合盐相变储能材料中添加成核剂和黏稠剂以抑制水合盐的过冷和相分离现象。

表 1-3　部分常见水合盐相变储能材料的热物性能[9,10]

物　名	相变温度/℃	相变潜热/(kJ·kg^{-1})	热导率/(W·m^{-1}·K^{-1})
$LiClO_3 \cdot 3H_2O$	8.1	253	n. a.
$ZnCl_2 \cdot 3H_2O$	10	n. a.	n. a.
$K_2HPO_4 \cdot 6H_2O$	13	n. a.	n. a.
$KF \cdot 4H_2O$	18.5	231	n. a.
$Mn(NO_3)_2 \cdot 6H_2O$	25.8	125.9	n. a.
$CaCl_2 \cdot 6H_2O$	29	190.8	0.54(38.7 ℃)
$LiNO_3 \cdot 3H_2O$	30	296	n. a.
$Na_2SO_4 \cdot 10H_2O$	32.4	254	0.544
$Na_2CO_3 \cdot 10H_2O$	33	247	n. a.
$CaBr_2 \cdot 6H_2O$	34	115.5	n. a.
$Na_2HPO_4 \cdot 12H_2O$	35.5/36	265/280	n. a.

续表 1-3

物 名	相变温度/℃	相变潜热/(kJ·kg^{-1})	热导率/(W·m^{-1}·K^{-1})
$Zn(NO_3)_2 \cdot 6H_2O$	36/36.4	146.9/147	0.464/0.469
$KF \cdot 2H_2O$	41.4	n.a.	n.a.
$K_3PO_4 \cdot 7H_2O$	45	n.a.	n.a.
$Zn(NO_3)_2 \cdot 4H_2O$	45.5	n.a.	n.a.
$Na_2HPO_4 \cdot 7H_2O$	48	n.a.	n.a.
$Na_2S_2O_3 \cdot 5H_2O$	48/50	201/209.3	n.a.
$Zn(NO_3)_2 \cdot 2H_2O$	54	n.a.	n.a.
$NaOH \cdot H_2O$	58.0	n.a.	n.a.
$Na(CH_3COO) \cdot 3H_2O$	58.5	226	n.a.
$Fe(NO_3)_2 \cdot 6H_2O$	60	n.a.	n.a.
$MgSO_4 \cdot 7H_2O$	67.5	204	n.a.
$Na_2B_4O_7 \cdot 10H_2O$	68.1	n.a.	n.a.
$Ba(OH)_2 \cdot 8H_2O$	78	265.7	0.653(85.7 ℃)
$Al_2(SO_4)_3 \cdot 18H_2O$	88	218	n.a.
$Al(NO_3)_3 \cdot 8H_2O$	89	n.a.	n.a.
$Mg(NO_3)_2 \cdot 6H_2O$	89/90	149.5/162.8	n.a.
$AlK(SO_4)_2 \cdot 12H_2O$	92.5	232.4	n.a.
$(NH_4)Al(SO_4) \cdot 12H_2O$	95	269	n.a.
$MgCl_2 \cdot 6H_2O$	117	168.6	n.a.
$Mg(NO_3)_2 \cdot 2H_2O$	130	n.a.	n.a.

注:n.a.表示文献中未列出该数据。

熔盐的相变温度一般较高,通常用于中高温热能的储存。常见的熔盐相变储能材料主要有碳酸盐、硝酸盐、氟化盐、氯化物和硫酸盐等。表 1-4 为部分熔盐相变储能材料的热物性参数。熔盐相变储能材料具有工作温度范围宽、饱和蒸气压力低、成本低等优点,并且可通过调节不同盐类的配比使物质的相变温度可调(表 1-5 为部分混合熔盐的热物性参数)。因此,熔盐在太阳能热利用、高温余热回收等中高温领域具有广泛的应用。

表 1-4　　部分熔盐相变储能材料的热物性[11-14]

名称	相变温度/℃	相变潜热/(kJ·kg^{-1})	导热系数/(W·m^{-1}·K^{-1})	密度/(kg·m^{-3})
$NaNO_2$	282	212	n. a.	n. a.
$NaNO_3$	307	172	0.5	2 260
NaOH	318	158	n. a.	n. a.
KNO_3	337	167	n. a.	n. a.
KOH	380	149.7	0.5	2 044
LiOH	471	876	n. a.	1 430
$LiSO_4$	577	257	n. a.	2 220
$MgCl_2$	714	452	n. a.	2 140
$NaCO_3$	854	275.7	2.0	2 533
KF	857	452	n. a.	2 370
LiF	1 121	1 040	6.2	2 340
MgF_2	1 263	938	n. a.	1 945
NaF	1 268	800	4.35	2 420

注：n. a. 表示文献中未列出该数据。

表 1-5　　部分混合熔盐的热物性参数[11-15]

成分(质量分数)/%	相变温度/℃	相变潜热/(kJ·kg^{-1})	导热系数/(W·m^{-1}·K^{-1})	密度/(kg·m^{-3})
$NaNO_2$/73NaOH*	237	294	n. a.	n. a.
$NaNO_3$/3.6NaCl/78.1NaOH*	242	242	n. a.	n. a.
$NaNO_3$/28NaOH*	247	237	n. a.	n. a.
$LiNO_3$/2.6$Ba(NO_3)_2$*	253	368	n. a.	n. a.
$LiNO_3$/6.4NaCl	255	354	n. a.	n. a.
NaCl/50$MgCl_2$	273	429	0.96	2 240
$NaNO_3$/5.0NaCl	282	212	n. a.	n. a.
NaCl/6.4Na_2CO_3/85.5NaOH	282	316	n. a.	n. a.
NaOH/7.2Na_2CO_3	283	340	n. a.	n. a.
NaCl/5.0$NaNO_3$	284	171	n. a.	n. a.

续表 1-5

成分(质量分数)/%	相变温度/℃	相变潜热/(kJ·kg^{-1})	导热系数/(W·m^{-1}·K^{-1})	密度/(kg·m^{-3})
Na_2SO_4/5.7NaCl/85.5$NaNO_3$	287	176	n. a.	n. a.
$NaNO_3$/10KNO_3	290	170	n. a.	n. a.
KNO_3/4.5KCl	320	150	n. a.	n. a.
KNO_3/4.7KBr/7.3KCl	342	140	n. a.	n. a.
NaCl/32.4KCl/32.8LiCl	346	281	n. a.	n. a.
NaOH/26.8NaCl	370	369	n. a.	n. a.
$MgCl_2$/42.5NaCl/20.5KCl	385～393	410	n. a.	n. a.
Li_2CO_3/33Na_2CO_3/35K_2CO_3	397	277	n. a.	n. a.
KCl/46$ZnCl_2$	432	218	n. a.	n. a.
NaCl/52$MgCl_2$	450	431	n. a.	n. a.
Li_2CO_3/53K_2CO_3	488	342	n. a.	n. a.
NaCl/67$CaCl_2$	500	281	n. a.	n. a.
NaF/21KF/62K_2CO_3	520	274	n. a.	n. a.
LiCl/63LiOH	535	485	1.10	1 550
NaCl/4.6$CaCl_2$	570	191	0.61	2 260
$NaCO_3$/$BaCO_3$/MgO	500～800	415.4	5.0	2 600
LiOH /LiF	700	1 163	1.20	1 150
LiF/32MgF_2	1 008	550	2.51	2 630

注:n. a. 表示文献中未列出该数据;* 表示摩尔分数。

金属相变储能材料是以金属为主体的相变储能材料,常见的主要有铝以及铝基、镁基、锌基和镍基合金等。该类相变储能材料具有储能密度大、熔化时体积缩小、蒸气压较低、热稳定性好的优点。金属相变储能材料的导热系数是有机相变储能材料和无机相变储能材料的几百倍。因此金属相变储能材料在太阳能热发电、工业余热回收、电力削峰填谷等方面有着广阔的应用前景。目前,以铝硅合金在相变储能领域的应用最为广泛,表 1-6 为部分铝硅合金的热物性。

表 1-6　部分铝硅合金的热物性[16]

合金种类(质量分数)/%	相变温度/℃	相变潜热/(kJ·kg^{-1})	导热系数/(W·m^{-1}·K^{-1})	密度/(kg·m^{-3})
Al/8Si	576	428.9	n.a.	n.a.
Al/12Si	576	560	160	2 700
Al/12.5Si	577	515	180	2 250
Al/12.6Si	576	463.4	n.a.	n.a.
Al/13Si	577	515	180	2 250
Al/20Si	576	528.4	0.96	2 240
Al/5Si/30Cu	571	422	n.a.	2 730
Al/11.7Si/5.16Mg	555	485	n.a.	2 500
Al/5Si/26.5Cu	525	364	n.a.	2 938
Al/5.2Si/28Cu/2.2Mg	507	374	n.a.	4 400

注：n.a.表示文献中未列出该数据。

1.3　相变储能应用前景

相变储能材料由于具有蓄热能力强的优点，在太阳能热利用、建筑节能、余热回收和热管理等领域具有广阔的应用前景。

1.3.1　太阳能热利用

太阳能是一种取之不尽用之不竭的清洁能源。随着不可再生能源的日益消耗，人们对太阳能的利用日益增多，如太阳能光电利用、太阳能热发电、太阳能热水器等利用形式被广泛使用。但是，太阳能单位面积辐射强度小，并受到昼夜更替和天气的变化影响，造成太阳能供应不连续和不稳定的问题，难以保证太阳能热利用系统的稳定运行，增加了太阳能利用的难度。而相变储能技术可以解决太阳能利用不连续和不稳定的问题。通过相变储能技术可将白天太阳辐射能转换成热能进行储存，待光照不足时再将热能释放进行利用，从而实现太阳能热利用系统的稳定运行。

目前，相变储能技术已在太阳能热水器和太阳能热发电等领域进行了应用。在太阳能热水器利用过程中，太阳能集热器将太阳辐射能转换成热能，并将热能储存在相变储能材料中，当需要使用储存的热量时，再将相变储能材料中储存的热量释放出来。由于相变储能材料的相变潜热较大，因此当储热量相同时，基于相变储能材料的太阳能热水器与传统的水箱储热器具有更小的体积[17]。图 1-1

为一种基于相变储能的太阳能热水器，研究表明当在太阳能热水器水箱内置入相变储能材料后，与未置入相变储能材料的热水器相比，储热量和系统热效率分别提高了 20%和 12%[18]。

图 1-1　基于相变储能的太阳能热水器系统[18]

太阳能热发电系统是缓解传统热力发电所带来的能源短缺和环境污染等问题的重要途径之一。但太阳能辐射强度的波动性和间断性使得太阳能热发电系统很难平稳运行。通过相变储能技术可将太阳能辐射通过热能的形式储存起来，在需要时再将热能进行释放，从而实现能量的转换，实现太阳能热发电系统的平稳运行[15]。以塔式太阳能发电系统为例，加装相变储能装置后，发电系统的年利用率从原来的 25%提高到了 65%[19]。美国在加利福尼亚州建成的机组功率为 105 MW・h 的 Solar Two 太阳能热发电站(热发电系统如图 1-2 所示)，

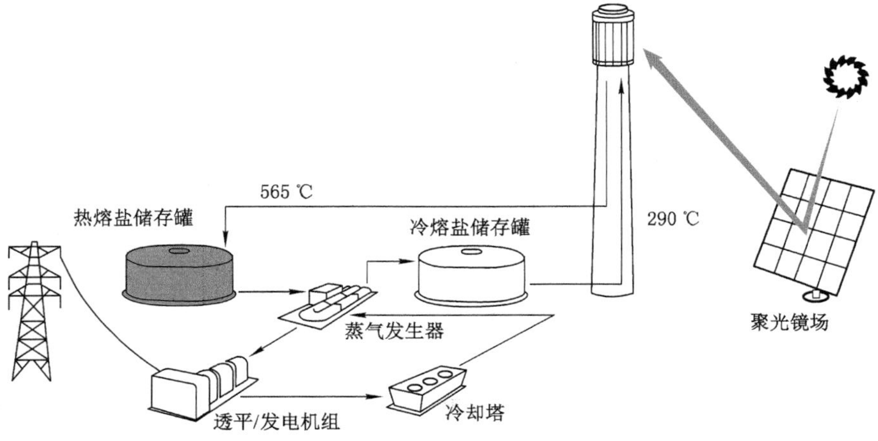

图 1-2　熔盐太阳能热发电塔示意图[20]

选用硝酸共晶熔盐作为相变储能材料，热熔盐储存罐和冷熔盐储存罐的设计温度分别为 565 ℃和 290 ℃，储热系统的热存储量为 105 MW・h，该储热系统在没有太阳能辐射的情况下，仍可供汽轮机满负荷连续运行 3 h，且储热系统的热稳定性较好，提高了太阳能热发电系统的运行效率[20，21]。

相变储能材料的性能是太阳能热利用系统的关键，常用于太阳能热利用的相变储能材料主要有熔盐、金属及其合金等。熔盐的导热系数一般较低，而金属在熔化状态下具有较强的腐蚀性。因此，提高熔盐的导热性能以及解决金属的腐蚀问题是促进相变储能材料在太阳能热利用领域的关键。

1.3.2　建筑节能

在国内，建筑能耗占到全国总能耗的 25％以上，建筑节能和室内温度调控已经逐渐成为近年来研究的热点[22]。相变储能材料能够在较小的温度波动内储存或者释放大量的热量，提高能源利用率。将相变储能材料和建筑材料复合构成的相变建材应用于建筑围护结构中能够有效调控建筑温度，减少建筑耗能。

相变储能材料在建筑节能中的应用一般被分为两大类：被动系统和主动系统。被动系统主要是通过建筑结构本身来进行热量的收集、存储和释放；而主动系统则需要依靠泵或风扇来传递传热介质[23]。相变储能材料在建筑节能中的应用主要有相变墙体、地板采暖系统、相变天花板和基于相变储能的空气加热系统等。图 1-3 为具有相变储能材料的房屋建筑模型，通过对该房屋建筑模型的测试表明，与未加入相变储能材料的建筑模型相比，该房屋建筑模型内的峰值温度降低了 1 ℃，降低了室内波动，同时降低了 15％的能耗，可使每平方米的建筑每年减少二氧化碳排放 1～1.5 kg。

为了提高节能效果，在建筑中应用相变材料时，必须考虑一些重要的影响因素，如建筑的结构、气候、环境以及使用的目的。不同的地区有不同的气候特征，相变储能材料在建筑中的应用效果也不一样。除此之外，当相变储能材料加入建筑材料的围护结构中时，会在一定程度上降低建筑材料的力学性能。因此，如何保证在相变储能材料加入后仍保证建筑材料的力学性能，仍需进一步开展相关的研究。

1.3.3　余热回收

工业余热是指在工业生产过程中产生的废气、废液和废渣所载有的热量[26]。在发电、钢铁、陶瓷和机械加工等工业生产过程中会产生大量的余热资源，但是这部分余热资源以往没有得到充分的利用，大部分直接排放到大气中，这种方式不仅造成了余热资源的浪费，同时也对环境造成了污染。如果将工业生产过程中丰富的余热资源进行回收再利用，对提高能源利用率具有重要的意义。

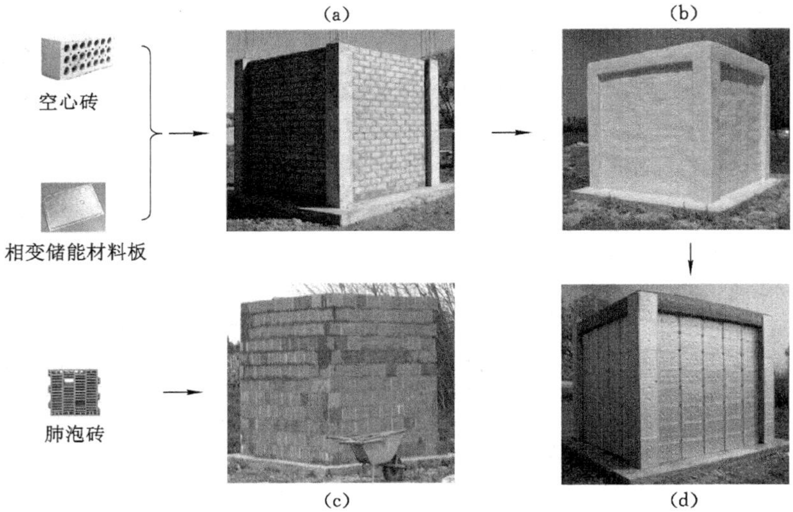

图 1-3　具有相变储能材料的房屋模型[24,25]
(a) 空心砖房屋模型;(b) 涂有聚氨酯的空心砖房屋模型;
(c) 肺泡砖房屋模型;(d) 具有相变材料的房屋模型

尽管余热资源丰富,但是大部分工业余热具有周期性、间断性和波动性的特点,因此余热回收难度较大。而通过相变储能技术则可以将不连续的工业余热进行回收,在需要时再将热量释放进行使用,从而解决了余热利用过程中不连续、供与求的不均衡等问题。相变储能余热回收系统示意图如图 1-4 所示。该系统主要由移动式相变储能装置对工厂生产过程中所产生的余热以相变潜热的形式进行储存,然后运送到周边的用户再将热量进行释放,从而实现工业余热的回收与利用[27]。

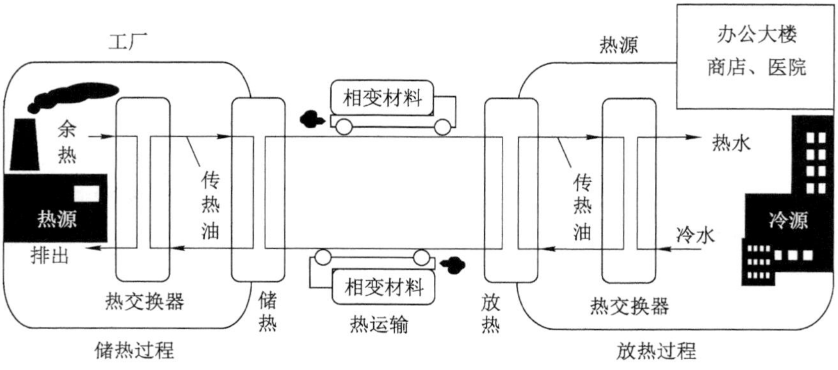

图 1-4　相变储能余热回收技术示意图[27]

通过相变储能技术输出的热量稳定，且相变介质在释放潜热时温度基本不变，可以使加热系统在相对稳定的状态下运行。目前，常用于余热回收的相变储能装置主要有热管换热器、蓄热室式相变储热系统和潜热/显热复合储热材料[28]。常用于余热回收的相变储能材料主要有熔盐及其共晶盐、金属及其合金等。可根据不同的余热温度和要求选择不同的相变储能材料用于余热回收和利用。但由于目前受制于相变储能材料的成本、稳定性和寿命等因素，相变储能材料在工业余热回收领域中还未广泛应用。因此，开发成本低、稳定性高和寿命长的相变储能材料对促进余热回收具有重要的作用。

1.3.4　热管理

随着高性能芯片和大规模集成电路的广泛应用，电气器件芯片的功率也在不断增大，导致电子芯片发热量大、升温快，从而降低器件的安全可靠性，缩短使用寿命。因此，对电子器件散热降温是保证其正常工作的有效手段，但是传统的散热方式很难满足大功率电子器件设备高散热效率的要求。相变储能材料热管理技术通过相变储能材料较大的潜热来吸收电子器件在工作时产生的热量，从而维持电子器件温度在最佳温度范围，进而保证电子器件工作的稳定性，延长工作寿命[29]。

基于相变储能材料的热管理装置因具有重量轻、性能可靠和设置灵活等优点，在手机、计算机以及大功率电子元器件装置中应用广泛。图 1-5 为一种基于相变冷却的电子器件散热系统，通过对该系统的研究表明，与传统的空气冷却相比，该系统对电子器件具有更好的散热效果和温度均匀性[30]。

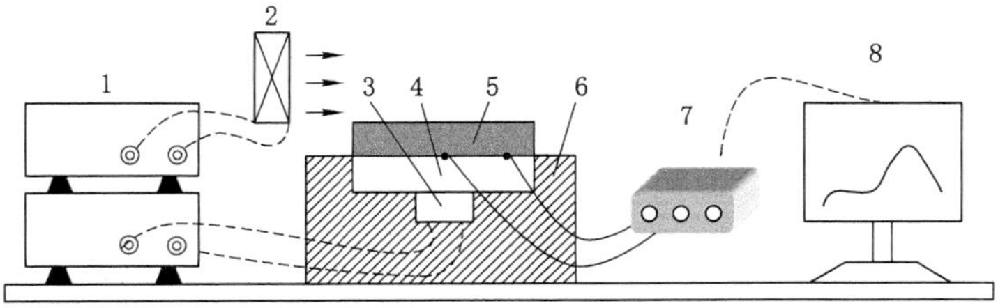

图 1-5　一种基于相变冷却的电子器件散热系统[30]

1——电源；2——风扇；3——加热器；4——铝板；5——相变材料；6——绝热材料；7——数据采集仪；8——电脑

此外，相变热管理技术在新能源汽车锂离子动力电池热管理方面应用也较为广泛。锂离子动力电池在大功率放电时会产生大量的热量，热量的产生与迅速堆积必然引起电池内部温度升高，易引发电池内部发生剧烈的化学反应，产生大量的热量，若热量来不及散出而在电池内部迅速积聚，电池由于温度过高可能会出现漏液、放气、冒烟等现象，严重时电池发生剧烈燃烧甚至爆炸等事故。因此对锂离子动力电池进行有效的热管理，是保证其安全稳定工作的重要保障[31]。

当相变储能材料用于锂离子动力电池热管理系统时，需把相变储能材料填充在密封部件中并将电池进行包覆(如图 1-6 所示)，相变储能材料吸收电池运行过程中释放出的热量，热量以相变潜热的形式储存在相变储能材料中，从而达到热管理的目的[32, 33]。相变潜热和相变温度是相变储能材料应用于电池热管理的重要参数。但大多数相变储能材料存在导热系数低的问题，从而影响了散热效率。除此之外，相变储能材料相变后变成液态，容易对系统造成腐蚀等问题。因此，改善相变储能材料的导热系数，解决相变后泄漏问题，对相变储能材料在新能源汽车动力电池热管领域具有重要的意义。

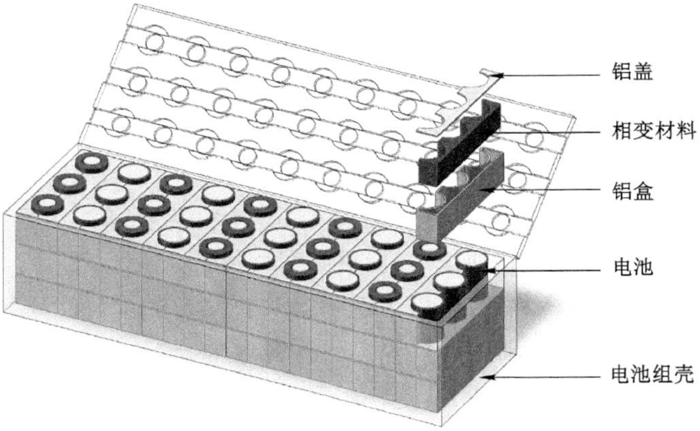

图 1-6　相变材料冷却原理[32]

第 2 章　石蜡/碳材料复合相变储能材料及其热性能

2.1　引　　言

有机相变储能材料主要有石蜡类、脂肪酸类、酯类和醇类等，一般具有过冷度小、稳定性强、无过冷、腐蚀性小以及性能稳定等优点，受到研究者的广泛关注[34]。但是有机相变材料普遍存在导热性能差的缺点，从而导致储热效率较低，限制了它的实际应用。因此，一般都对有机相变材料进行强化传热之后再进行实际应用。

本章以石蜡(Paraffin)作为有机相变储能材料，以膨胀石墨(EG)、多层石墨烯(MGN)、碳粉(GP)和多壁碳纳米管(MWCNT)等碳材料作为传热强化材料，制备了石蜡/碳材料复合相变储能材料，并对复合相变储能材料的微观形貌、化学结构、相变温度、相变潜热、导热系数、热稳定性以及储热/释热特性等进行了研究。

2.2　石蜡/碳材料复合相变储能材料的制备

2.2.1　实验药品与试剂

本章制备石蜡/碳材料复合相变储能材料所使用的主要原材料如表 2-1 所列。膨胀石墨是由可膨胀石墨在微波炉中以 700 W 的功率将膨胀石墨膨化100 s所制得。

表 2-1　石蜡/碳材料复合相变储能材料主要原材料

名称	规格	生产厂家
石蜡	熔点:60.5 ℃	上海焦耳蜡业有限公司
多层石墨烯	纯度 99%,厚度 3.4～8 nm	南京科孚纳米技术有限公司
多壁碳纳米管	纯度 99%	苏州恒球石墨烯科技有限公司
碳粉	纯度 99%,平均粒径 30 μm	西陇科学股份有限公司
可膨胀石墨	纯度 99%,膨胀率 200 mL·g^{-1}	青岛百兴石墨有限公司

2.2.2　石蜡/碳材料复合相变储能材料的制备

石蜡/MGN、石蜡/MWCNT、石蜡/GP 和石蜡/EG 复合相变储能材料通过加热共混法制备而得。首先，将石蜡放入烧杯中，并在 80 ℃的水浴锅中加热至熔化状态；然后，将碳材料加入熔化状态的石蜡中，并在 80 ℃的水浴锅中持续磁力搅拌 2 h，直至碳材料在石蜡中均匀分散；最后，将石蜡与碳材料的混合物在室温下冷却至固态，则石蜡/碳材料复合相变储能材料制备完成。本章制备了质量分数分别为 0.1%、0.5%、1.0%、1.5%和 2.5%的石蜡/MGN、石蜡/MWCNT、石蜡/GP 和石蜡/EG 复合相变储能材料。

2.3　石蜡/碳材料复合相变储能材料的性能表征

2.3.1　微观形貌表征

采用扫描电子显微镜(SEM，QuantaTM 250)对碳材料和石蜡/碳材料复合相变储能材料的微观形貌进行观察。进行测试之前需要采用导电双面胶将被测样品黏附到测试台上，并且对被测样品进行喷金处理。

2.3.2　XRD 测试

采用 X 射线衍射仪(XRD，DX-2700)对石蜡、四种碳材料以及四种石蜡/碳材料复合相变储能材料的晶相进行测试。测试电压为 40 kV，测试电流为 30 mA，步长为 0.03，积分时间为 0.2 s。

2.3.3　FTIR 测试

采用傅立叶变换红外光谱仪(FTIR，Tensor II)对石蜡、四种碳材料以及四种石蜡/碳材料复合相变储能材料的化学结构进行测试，测试范围为 4 000～400 cm^{-1}。

2.3.4　相变特性测试

采用差示扫描量热仪对(DSC-100)对石蜡和石蜡/碳材料复合相变储能材料的相变温度和相变潜热进行测试。测试温度范围为 40～95 ℃，升温速率为

10 ℃ · min^{-1}。该仪器的热流精度为± 0.1 mW，温度测试精度为±0.1 ℃。

2.3.5　导热系数测试

采用导热系数测试仪(DRL-III)对石蜡和石蜡/碳材料复合相变储能材料的导热系数进行测试，测试温度为 20 ℃、25 ℃、30 ℃、35 ℃和 40 ℃。导热系数测试仪的误差为±3%。样品的测试尺寸为直径 30 mm，厚度 5 mm 的圆片。

2.3.6　储热/释热特性测试

搭建如图 2-1 所示的实验系统对石蜡与石蜡/碳材料复合相变储能材料的储热/释热特性进行测试。

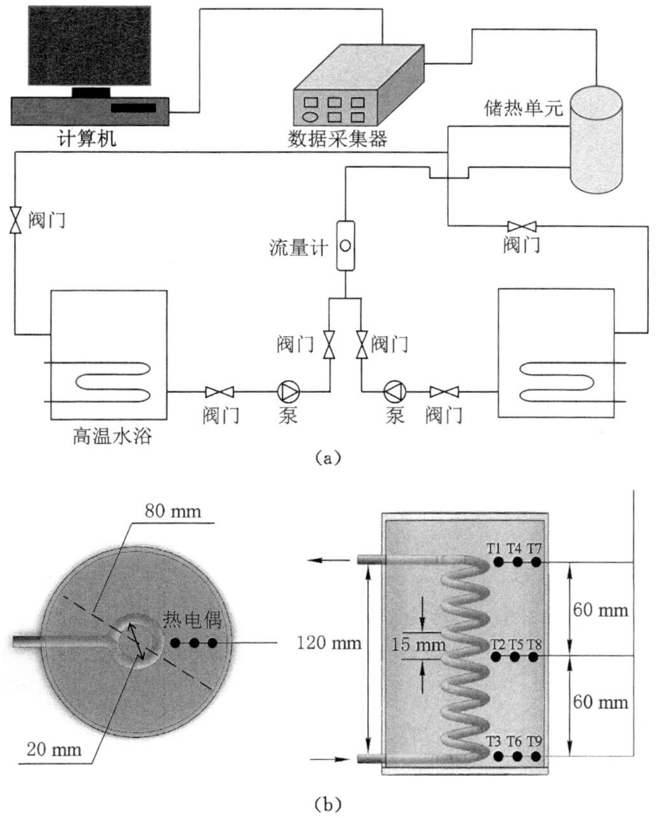

图 2-1　储热/释热实验系统示意图

该实验系统主要包括储热单元、高温恒温箱、低温恒温箱、数据采集器和电脑。其中储热单元主要由储热容器、蛇形铜管和 K 型热电偶组成。储热容器的材质为厚度 3 mm 的亚克力板，形状为内径 80 mm、高度 140 mm 的圆柱体。为了降低热量损失，在容器的外部包裹一层 8 mm 厚的保温棉。储热单元内蛇形管和热电偶的布置方式如图 2-1(b)所示。蛇形铜管的内径为3 mm，壁厚为 2 mm。

在储热/释热实验开始前，先在容器中灌入 500 g 的测试样品。在储热过程中，将高温恒温箱中的传热流体的温度稳定在 85 ℃，然后采用循环泵，以 100 $mL \cdot min^{-1}$ 的流速在系统中循环，则传热流体通过储热容器中的蛇形铜管不断地给相变储能材料加热。当相变储能材料温度不断升高并达到稳定状态后则储热实验结束，然后开始释热实验。在进行释热实验时，首先将低温恒温箱中的传热流体稳定在 20 ℃，同样以 100 $mL \cdot min^{-1}$ 的流速在系统中循环。此时储热容器中的相变储能材料温度不断降低，当相变储能材料的温度达到稳定状态时，则释热实验结束。在整个实验过程中，数据采集仪实时记录相变储能材料的温度变化情况。

2.4　石蜡/碳材料复合相变储能材料物性测试结果与分析

2.4.1　石蜡/碳材料复合相变储能材料的微观形貌

碳材料与石蜡/碳材料复合相变储能材料的微观形貌如图 2-2 所示。图 2-2(a-1)和(a-2)分别为 EG 和石蜡/EG 复合相变储能材料的微观形貌。从图中可以看出，EG 具有丰富的孔隙结构，具有较强的吸附性能和较大的比表面积。当石蜡与 EG 复合后，石蜡被均匀地吸附在膨胀石墨的孔隙结构中。图 2-2(b-1)和(b-2)分别为 MGN 和石蜡/MGN 复合相变储能材料的微观形貌。可明显看出 MGN 呈薄片形状，同样具有较大的比表面积。石蜡与 MGN 复合后，石蜡均匀地覆盖在 MGN 的表面。图 2-2(c-1)和(c-2)分别为 GP 和石蜡/GP 复合相变储能材料的微观形貌。GP 呈不规则的颗粒状。石蜡与 GP 复合后，GP 均匀地分散在石蜡当中。图 2-2(d-1)和(d-2)分别为 MWCNT 和石蜡/MWCNT 复合相变储能材料的微观形貌。MWCNT 呈纳米级别的管状结构，并团聚成簇状。石蜡与 MWCNT 复合后，MWCNT 以团簇的形式均匀地分散在石蜡中。

2.4.2　石蜡/碳材料复合相变储能材料 XRD 结果分析

石蜡、碳材料和石蜡/碳材料复合相变储能材料的 XRD 测试结果如图 2-3 所示。从石蜡的 XRD 图中可以明显看出，在 21.4°和 23.8°处有尖锐的衍射峰。在 EG、MGN 和 GP 的 XRD 图中发现在 26.6°附近有较强的衍射峰。而在 MWCNT 的 XRD 图中并未发现较强的衍射峰，仅在24°～27°之间有一个较宽

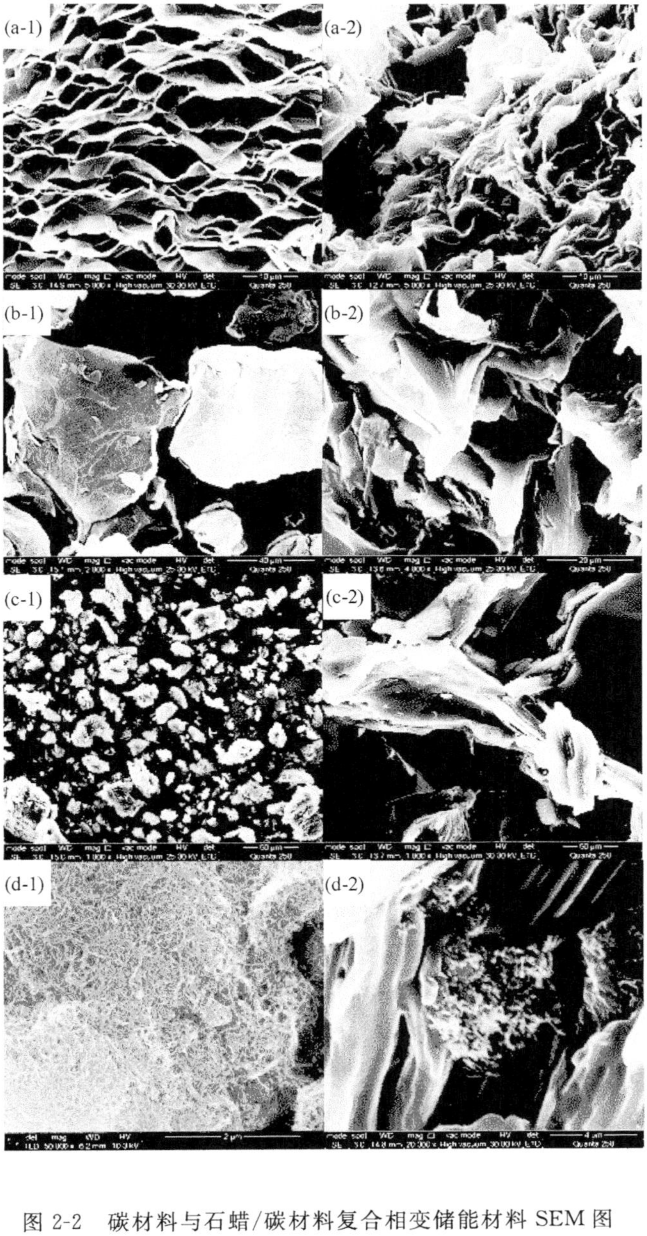

图 2-2　碳材料与石蜡/碳材料复合相变储能材料 SEM 图

(a-1) EG；(a-2) 石蜡/EG；(b-1) MGN；(b-2) 石蜡/MGN；(c-1) GP；(c-2) 石蜡/GP；(d-1) MWCNT；(d-2) 石蜡/MWCNT

的衍射峰。在石蜡/EG、石蜡/MGN 和石蜡/GP 复合相变储能材料的 XRD 曲线中，在 21.4°和 23.8°处均有尖锐的衍射峰，在 26.6°处有较弱的衍射峰。在石蜡/MWCNT 复合相变储能材料的 XRD 曲线中，在 21.4°和 23.8°处均有尖锐的衍射峰，但是在 24°～27°并未发现较宽的衍射峰，这是由于 MWCNT 的添加含量较少，且该衍射峰不强的原因。从 XRD 的测试结果中表明，石蜡/碳材料复合相变储能材料在制备过程中石蜡和碳材料的特性并未发生变化。

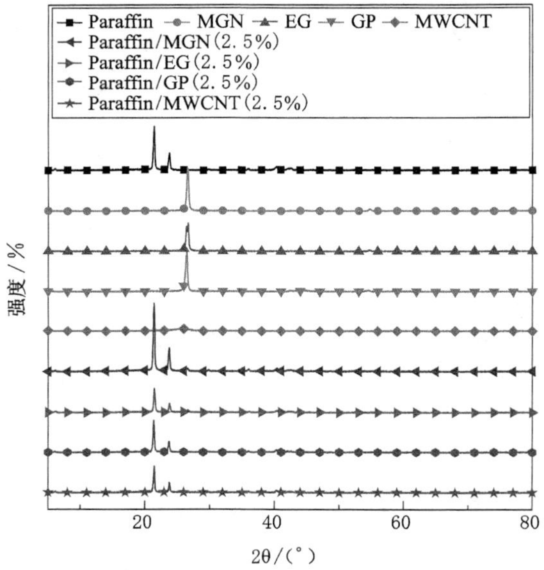

图 2-3　石蜡、碳材料和石蜡/碳材料复合相变储能材料的 XRD 测试结果

2.4.3　石蜡/碳材料复合相变储能材料 FTIR 结果分析

石蜡、碳材料和石蜡/碳材料复合相变储能材料的 FTIR 测试结果如图 2-4 所示。从石蜡的 FTIR 图中可以发现，在 2 917 cm^{-1}、2 848 cm^{-1}、1 473 cm^{-1}和 719 cm^{-1}有较强的吸收峰。其中 2 917 cm^{-1}和 2 848 cm^{-1}处的吸收峰为—CH_3 和—CH_2 中 C—H 伸缩振动所引起的，1 473 cm^{-1}处的吸收峰为—CH_2 的弯曲振动所引起的，719 cm^{-1}处的吸收峰为—$(CH_2)_n$ 的弯曲振动所引起的。而在 EG、MGN、GP 和 MWCNT 的红外光谱图中并没有发现明显的衍射峰。在石蜡/EG、石蜡/MGN、石蜡/GP 和石蜡/MWCNT 复合相变储能材料的红外光谱图中发现，在 2 917 cm^{-1}、2 848 cm^{-1}、1 473 cm^{-1}和 719 cm^{-1}处均有吸收峰，并没有新的吸收峰出现。这说明复合相变储能材料在制备过程中仅是物理混合的过程，各材料之间并没有发生化学变化，均保持材料各自的化学结构特性，测试

结果与 XRD 测试结果相一致。

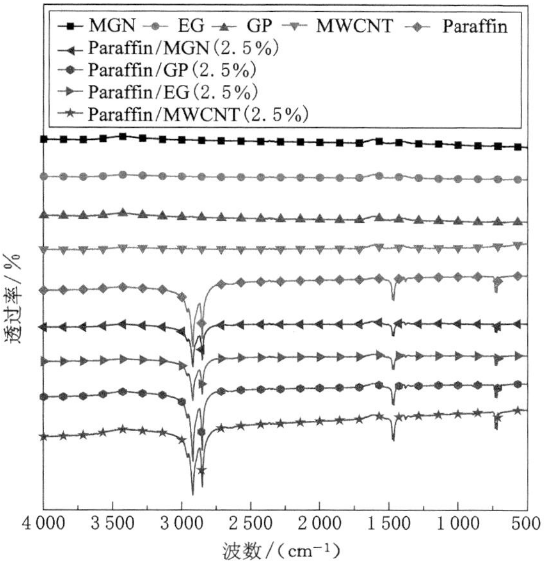

图 2-4　石蜡、碳材料和石蜡/碳材料复合相变储能材料的 FTIR 测试结果

2.4.4　石蜡/碳材料复合相变储能材料的相变特性

采用 DSC 对石蜡和石蜡/碳材料复合相变储能材料的相变温度和相变潜热进行了测试，DSC 测试曲线如图 2-5 所示，测试数据如表 2-2 所列。从测试结果中可以看出，石蜡/EG、石蜡/MGN、石蜡/GP 和石蜡/MWCNT 复合相变储能材料的相变温度和相变峰值温度略低于石蜡，并且随着碳材料添加含量的增加，复合相变储能材料的相变温度和相变峰值温度也随之降低。这是由于碳材料的添加使石蜡的导热性能提高，从而使石蜡的熔化速度加快导致复合相变储能材料的相变温度低于石蜡。

此外，从石蜡和石蜡/碳材料复合相变储能材料的相变潜热测试结果中看出，当在石蜡中添加碳材料后，相变潜热有所降低，并且相变潜热随着碳材料添加含量的升高而呈现出降低的趋势。这是由于在测试温度范围内碳材料没有相变潜热，仅有石蜡存在相变潜热，当碳材料的添加含量增加时，石蜡在复合材料中所占的比例相应减少，从而导致复合相变储能材料的相变潜热降低。

采用导热系数测试仪对石蜡和石蜡/碳材料复合相变储能材料在不同温度下的导热系数进行了测试，测试结果如图 2-6 所示。在 20 ℃下，当碳材料的添加含量为 0.1%、0.5%、1.0%、1.5%和 2.5%时石蜡/EG 复合相变储能材料

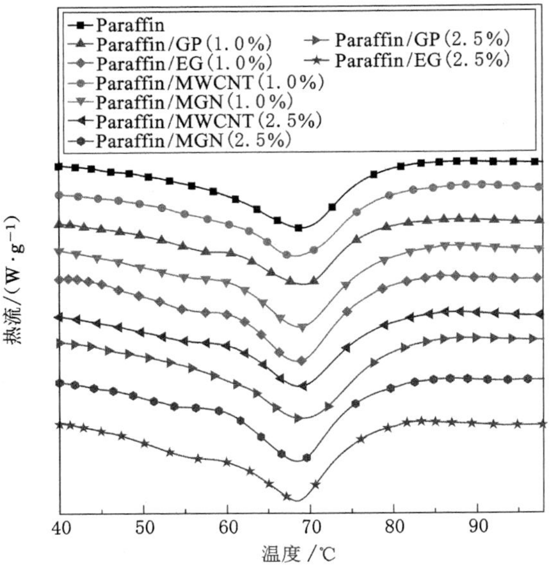

图 2-5　石蜡和石蜡/碳材料复合相变储能材料的 DSC 曲线

表 2-2　　石蜡和石蜡/碳材料复合相变储能材料的相变参数

样品	相变温度/℃	峰值温度/℃	相变潜热/(kJ·kg^{-1})
石蜡	60.5	68.9	197.10
石蜡/EG(1.0%)	59.4	68.5	194.80
石蜡/EG(2.5%)	59.1	68.4	190.38
石蜡/MGN(1.0%)	59.9	68.7	193.79
石蜡/MGN(2.5%)	59.8	68.5	189.28
石蜡/GP(1.0%)	59.9	68.9	194.44
石蜡/GP(2.5%)	59.8	68.5	190.28
石蜡/MWCNT(1.0%)	60.1	68.7	193.71
石蜡/MWCNT(2.5%)	59.8	68.3	189.71

的导热系数比石蜡分别高出了 5.64%、15.23%、24.87%、32.15%和 61.04%；石蜡/MGN 复合相变储能材料的导热系数比石蜡分别高出了 3.97%、11.2%、24.64%、27.81%和 51.2%；石蜡/GP 复合相变储能材料的导热系数比石蜡分别高出了 2.48%、4.12%、5.78%、7.69%和 12.18%。

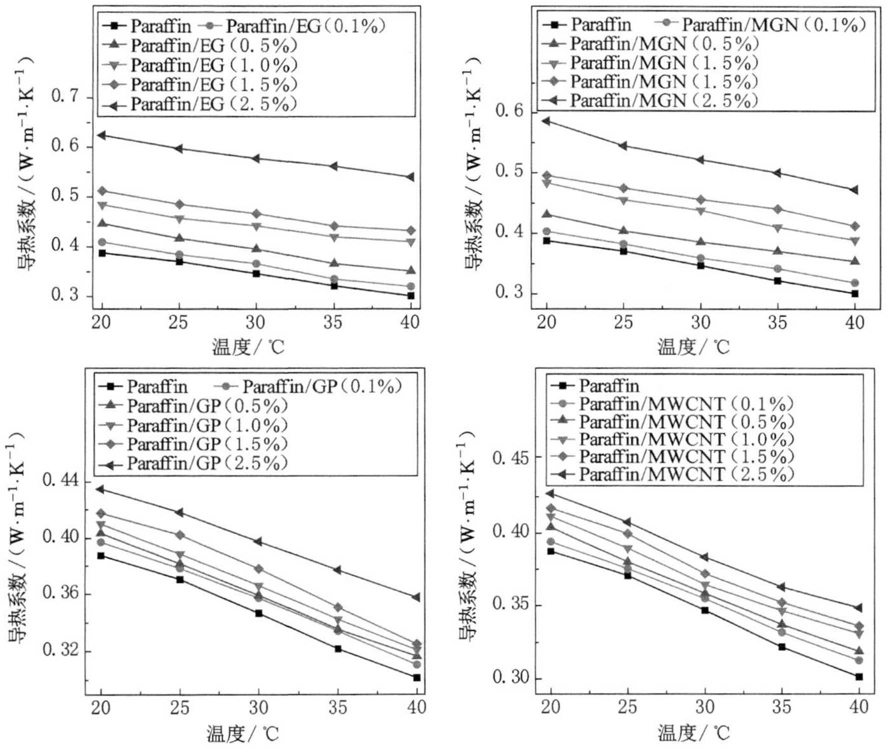

图 2-6　石蜡和石蜡/碳材料复合相变储能材料的导热系数

此外，从测试结果中还可明显看出石蜡和石蜡/碳材料复合相变储能材料的导热系数均随着温度的升高而降低，但在同一测试温度下复合相变储能材料的导热系数始终高于石蜡。在复合相变储能材料中，石蜡/EG 复合相变储能材料的导热系数高于其他几种复合相变储能材料。这是由于 EG 与 MGN、GP 和 MWCNT 相比具有更大的比表面积，更大程度上增加了与石蜡的接触面积，传热强化效果更佳。

2.4.5　石蜡/碳材料复合相变储能材料的热循环稳定性

相变储能材料的热稳定性对其在储能领域的应用至关重要。因此，采用 DSC 对石蜡/碳材料复合相变储能材料在 50 次和 100 次热循环后的相变潜热进行了研究，测试结果如图 2-7 所示。

从热稳定测试结果中可以看出，经过 50 次热循环之后，碳材料添加含量为 2.5%的石蜡/EG、石蜡/MGN、石蜡/GP 和石蜡/MWCNT 复合相变储能材料与热循环之前相比相变潜热分别减少了 0.45%、0.77%、0.81%和 0.69%。在

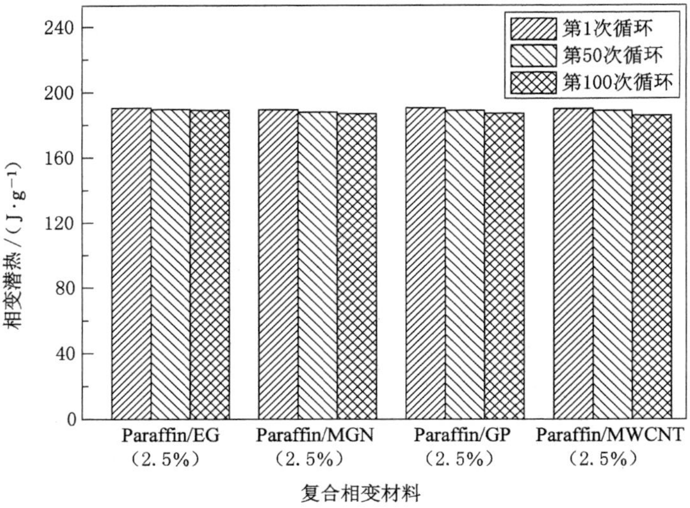

图 2-7 石蜡与石蜡/碳材料复合相变储能材料热循环前后的相变潜热[35]

经过 100 次热循环之后，碳材料添加含量为 2.5% 的石蜡/EG、石蜡/MGN、石蜡/GP 和石蜡/MWCNT 复合相变储能材料与热循环之前相比相变潜热分别减少了 0.7%、1.31%、1.78%和 2.18%。研究结果表明石蜡/碳材料复合相变储能材料的相变潜热随着循环次数的增加逐渐减小。但在经过 100 次热循环后，相变潜热仅有少量降低，这说明复合相变储能材料具有较强的热稳定性。

2.4.6 石蜡/碳材料复合相变储能材料的储热/释热特性

通过如图 2-1 所示的实验系统对石蜡和石蜡/碳材料复合相变储能材料的储热/释热特性进行了研究。石蜡和石蜡/碳材料复合相变储能材料储热/释热过程温度变化曲线如图 2-8 所示。

从石蜡的储热/释热曲线中可以看出，在水平方向上 T_2、T_5 和 T_8 的温度测点以 T_2 处的温度变化速率最快，其次是 T_5，T_8 处的温度变化速率最慢。在垂直方向上 T_4、T_5 和 T_6 的温度测点以 T_6 处的温度变化速率最快，其次是 T_5，T_4 处的温度变化速率最慢。结果表明，在水平方向上，越靠近热源蛇形铜管的位置，相变材料的温度变化速率越快，则越远离热源蛇形铜管的位置温度变化速率越慢。在垂直方向上，上部的相变储能材料的温度变化速率高于底部相变材料的温度变化速率。石蜡/EG(2.5%)、石蜡/MGN(2.5%)、石蜡/GP(2.5%)和石蜡/MWCNT(2.5%)复合相变储能材料在储热/释热过程的温度变化规律与石蜡的温度变化规律相一致。

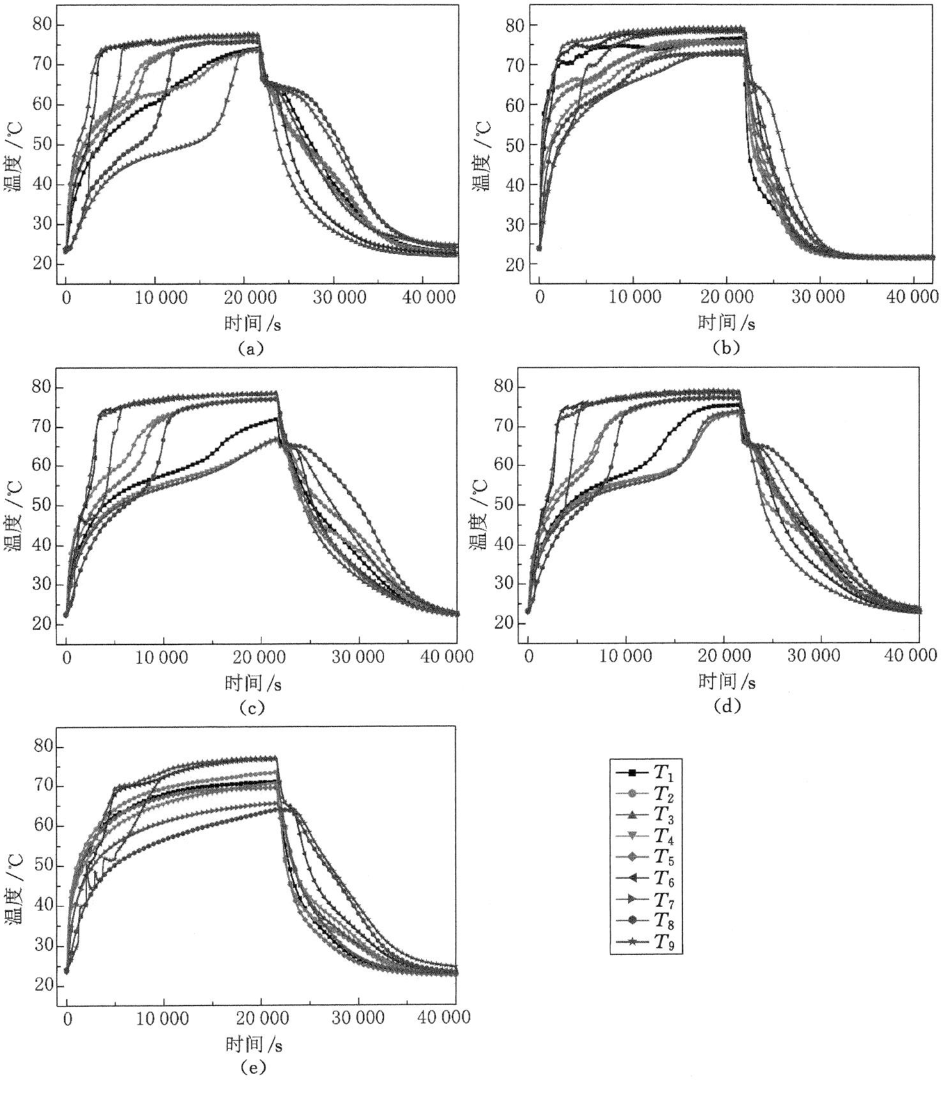

图 2-8　石蜡和石蜡/碳材料复合相变储能材料储热/释热过程温度变化曲线

(a) 石蜡;(b) 石蜡/EG;(c) 石蜡/MGN;(d) 石蜡/GP;(e) 石蜡/MWCNT

石蜡和石蜡/碳材料复合相变储能材料的储热/释热过程所有测点温度的平均值变化曲线如图 2-9 所示。在储热过程中，石蜡、石蜡/EG(2.5%)、石蜡/MGN(2.5%)、石蜡/GP(2.5%)和石蜡/MWCNT(2.5%)复合相变储能材料的温度从 25 ℃升温至 65 ℃所用的时间分别为 8 770 s、3 856 s、8 248 s、7 702 s 和

8 008 s。结果表明，复合相变储能材料添加 EG(2.5%)、MGN(2.5%)、GP(2.5%)和 MWCNT(2.5%)之后，储热时间与石蜡相比分别缩短了 56.03%、5.95%、12.18%和 8.69%。

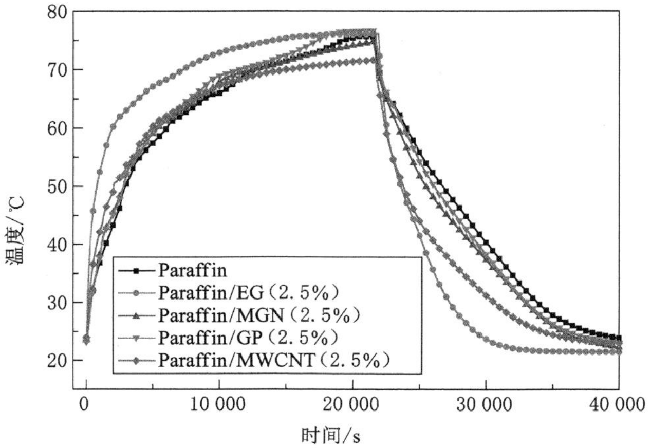

图 2-9 石蜡和石蜡/碳材料复合相变材料储热/释热过程平均温度变化曲线

在释热过程中，石蜡、石蜡/EG(2.5%)、石蜡/MGN(2.5%)、石蜡/GP(2.5%)和石蜡/MWCNT(2.5%)复合相变储能材料的温度从 65 ℃降温至 25 ℃所用的时间分别为 15 082 s、6 898 s、13 228 s、13 434 s 和 12 146 s。结果表明，复合相变储能材料添加 EG(2.5%)、MGN(2.5%)、GP(2.5%)和 MWCNT(2.5%)之后，储热时间与石蜡相比分别缩短了 54.26%、12.29%、10.93%和 19.47%。

石蜡和石蜡/碳材料复合相变储能材料储热/释热过程最大温差曲线如图 2-10 所示。在储热过程中，石蜡、石蜡/EG(2.5%)、石蜡/MGN(2.5%)、石蜡/GP(2.5%)和石蜡/MWCNT(2.5%)复合相变储能材料的最大温差分别为 34 ℃、24.4 ℃、26.2 ℃、22.9 ℃和 19.1 ℃。结果表明，在复合相变储能材料中添加 EG(2.5%)、MGN(2.5%)、GP(2.5%)和 MWCNT(2.5%)之后，储热过程最大温差分别降低了 9.07%、23.84%、33.43%和 44.48%。在放热过程中，石蜡、石蜡/EG(2.5%)、石蜡/MGN(2.5%)、石蜡/GP(2.5%)和石蜡/MWCNT(2.5%)复合相变储能材料的最大温差分别为 28.4 ℃、25.7 ℃、20.7 ℃、25.6 和 4.3 ℃。结果表明，在复合相变储能材料中添加 EG(2.5%)、MGN(2.5%)、GP(2.5%)和 MWCNT(2.5%)之后，放热过程最大温差分别降低了 9.51%、27.11%、9.86%和 14.44%。

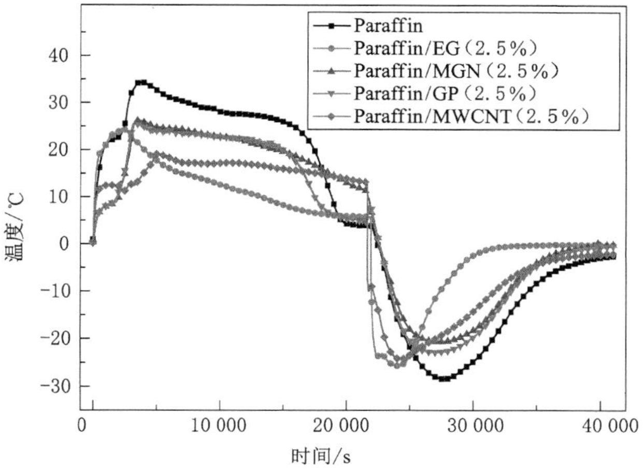

图 2-10　石蜡和石蜡/碳材料复合相变储能材料储热/释热过程最大温差曲线

石蜡和石蜡/碳材料复合相变储能材料储热/释热的测试结果表明，由于高导热碳材料的添加，与石蜡相比复合相变储能材料的储热效率明显提高，储热单元内的温度分布也更加均匀。在四种碳材料中，以 EG 对石蜡储热/释热过程的传热效率提升最大。

2.5　本章小结

为解决有机相变储能材料导热系数低的问题，本章以石蜡作为相变储能材料，EG、MGN、GP 和 MWCNT 四种高导热碳材料作为添加物，制备了不同碳材料质量分数的石蜡/EG、石蜡/MGN、石蜡/GP 和石蜡/MWCNT 复合相变储能材料，并对石蜡/碳材料复合相变储能材料的微观形貌、化学结构特性、相变温度、相变潜热、导热系数和储热/释热特性等进行了研究。主要研究结论如下：

(1) 高导热碳材料的添加可明显提高石蜡的导热性能，当碳材料的添加含量为 2.5%时，石蜡/EG、石蜡/MGN、石蜡/GP 和石蜡/MWCNT 复合相变储能材料的导热系数与石蜡相比分别提高了 61.04%、51.2%、12.18%和 10.22%。

(2) 当在石蜡中添加高导热碳材料后，石蜡/碳材料复合相变储能材料的相变温度略低于石蜡的相变温度。此外，随着碳材料含量的增加，石蜡/碳材料复合相变储能材料的相变潜热也随之降低。

(3) 高导热碳材料的添加明显提高了石蜡的储热/释热效率。当碳材料的添加含量均为 2.5%时，石蜡/EG、石蜡/MGN、石蜡/GP 和石蜡/MWCNT 复合相变储能材料的储热时间与石蜡相比分别缩短了 56.03%、5.95%、12.18%和 8.69%，释热过程与石蜡相比分别缩短了 54.26%、12.29%、10.93%和 19.47%。结果表明，四种碳材料中以 EG 对石蜡的传热强化效果最佳。

第3章　癸酸-十四醇/膨胀珍珠岩复合相变储能材料及其热性能

3.1 引　　言

近年来，随着环境的破坏和能源危机的日益加剧，节能及开发利用新能源逐渐成为全球一大趋势。建筑能耗在全球能源消耗中所占比例较高，在我国建筑能源消耗量已占总能耗的25%以上[22]。建筑节能和室内温度调控已经逐渐成为近年来研究的热点。相变储能材料能够在较小的温度波动范围内储存或者释放大量的热量，提高能源利用率。将相变储能材料和建筑材料复合构成相变建材应用于建筑围护结构中能够有效调控建筑温度，减少建筑耗能。利用相变材料进行储能，能够充分利用太阳能，主要通过相变墙板、相变地板等进行蓄热，节能率可达15%左右，同时也可利用低价电能通过蓄热地板进行蓄热，进而节约成本。

脂肪酸和多元醇可以单独作为建筑节能中的相变储能材料，但是由于它们的相变温度偏高、相变范围较窄，它们的推广应用存在一定的限制。本章选择了癸酸(CA)和十四醇(MA)作为相变材料，并按照9∶1的比例将CA和MA混合在一起，制备出了一种新型复合相变储能材料CA/MA(CM)。CM的相变温度比CA和MA的低，并且相变范围较宽，适用温度范围大。

作为相变材料的支撑材料，应具有多孔结构，能够吸附大量的相变材料，而且不易燃烧，稳定性高，能够广泛应用于建筑的保温隔热。作为支撑材料的膨胀珍珠岩(EP)有着上述大部分优点，因此，选择EP作为相变材料的基体材料。

本章利用CA、MA和EP制备了复合定形相变储能材料，并对复合定形相变储能材料的各项物性进行了表征。然后将复合定形相变储能材料添加到水泥中，制备了复合相变水泥板。并通过搭建小型水泥实验房间模型，研究了复合相变水泥板对实验房间模型内部温度的调控特性。

3.2 CM/EP 复合相变储能材料的制备

3.2.1 实验药品与试剂

本章制备 CM/EP 复合相变储能材料所使用的主要原材料如表 3-1 所列。

表 3-1 制备 CM/EP 复合相变储能材料主要原材料

名称	规格	生产厂家
癸酸(CA)	熔点:31.4℃	上海阿拉丁生化科技股份有限公司
十四醇(MA)	熔点:37.8℃	上海阿拉丁生化科技股份有限公司
膨胀珍珠岩(EP)	20～30 网目、30～50 网目、50～70 网目	信阳市平桥区中创珍珠岩厂
乙醇	沸点:78 ℃	西陇科学股份有限公司

实验中选用的 EP 有三种规格:20～30 目、30～50 目、50～70 目,"目"数越大,表明颗粒尺寸越小。为了探究不同目数的 EP 对复合相变储能材料性能的影响,采用固定体积法测量了三种规格的 EP 的密度,其密度值如表 3-2 所示。

表 3-2 三种规格 EP 的密度

	EP1	EP2	EP3
规格/网目	20～30	30～50	50～70
密度/(g/mL)	0.069	0.076	0.042

3.2.2 CM/EP 复合相变储能材料的制备方法

为了制备出符合要求的复合相变储能材料,首先得确定 CA 和 MA 的比例。当 CA 和 MA 的比例为 9∶1 时,所得的 CM 复合相变储能材料满足相变范围较宽、相变焓值较大、相变温度适宜等要求。因此,在制备过程中,按 CA 和 MA 的质量比为 9∶1 制备了 CM 复合相变储能材料。然后再将 CM 复合相变储能材料浸入 EP 中。

为了确定 CM 与 EP 的最佳复合比例,制备了不同 CM 质量分数(10%、20%、30%、40%、50%、60%、70%、80%)的 CM/EP 复合相变储能材料。每种复合相变储能材料中的 EP 又可以分为三种类型,分别为 20～30 目(EP1)、30～50 目(EP2)和 50～70 目(EP3)。因此,在实验中一共制备出了 24 种不同类型的 CM/EP 复合相变储能材料。图 3-1 为 CM/EP 复合相变储能材料的制备流程框架图，具体制备过程如下：

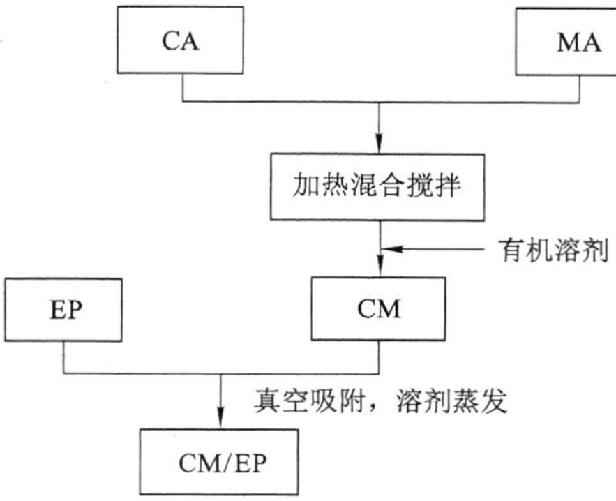

图 3-1　CM/EP 复合相变储能材料的制备流程框架图

(1) 首先，利用电子天平分别称取一定质量比例的 CA 和 MA 置于烧杯中，将烧杯置于磁力搅拌器中在 50 ℃下恒温搅拌 30 min，搅拌过程中转速设置为 400 $r \cdot min^{-1}$。

(2) 将混合搅拌后的 CM 从磁力搅拌器中取出并加入一定体积的乙醇，然后在常温下搅拌 10 min。

(3) 称取一定质量的 EP，将其均匀地摊平在培养皿中，然后将过程(2)中制备好的液态 CM 均匀地倒在 EP 表面上。

(4) 将装有实验材料的培养皿放入真空干燥箱中真空处理 30 min，然后关闭真空，让其在 20 ℃下干燥 24 h，则 CM/EP 复合相变储能材料制备完成。

3.3　CM/EP 复合相变储能材料的性能表征

3.3.1　微观形貌表征

采用 SEM(Quanta 250)对 EP 和 CM/EP 复合相变储能材料的微观形貌进行观察。用导电双面胶分别将膨胀珍珠岩和复合相变材料黏附到样品盘上，并在材料的表面进行喷金处理，来进行微观形貌的观察。

3.3.2　XRD 测试

采用 FTIR(VERTEX 80v)对 CA、MA、CM、EP 和 CM/EP 复合相变储能材料的官能团组成进行测试，测试范围为 500～4 000 cm^{-1}。

3.3.3　相变特性测试

采用 DSC(Discovery DSC25)对 CA、MA、CM、EP 和 CM/EP 复合相变储能材料的相变温度和相变潜热进行测试。测量范围为 0～50 ℃，升温速率均为

2 ℃ · min^{-1}，样品质量为 5～10 mg，且用氮气氛围保护，氮气流量为 50 mL · min^{-1}。该仪器热焓精度为±0.1%，温度的测量精度为±0.01 ℃。

3.3.4 泄漏测试

CM/EP 复合相变储能材料的泄漏测试步骤如下：

(1) 将制备好的样品各取体积 5 mL，放到垫有分析滤纸的培养皿中，并将其均匀摊平在分析滤纸上。

(2) 将干燥箱的温度设置为 60 ℃，待干燥箱温度达到 60 ℃后将装有样品的培养皿放入其中，进行泄漏情况测试。

(3) 分别在 0 min、30 min、60 min 以及 120 min 时观察样品的泄漏情况。

3.3.5 热稳定性测试

采用 TG(STA 449C)对 CA、MA、CM、EP 和 CM/EP 复合相变储能材料的热稳定性进行测试。测试温度范围为 30～400 ℃，升温速率为 10 ℃ · min^{-1}，氮气流量为 60 mL · min^{-1}。

此外，还采用 DSC 对 CM/EP 复合相变储能材料进行了 1 次、100 次、200 次、300 次、400 次和 500 次的熔化/凝固循环过程。每一个循环过程设置的最低温度为 0 ℃，最高温度为 50 ℃，达到设置温度后恒温 1 min，温度变化速率为 10 ℃ · min^{-1}。

3.4 CM/EP 复合相变储能材料热物性测试结果与分析

3.4.1 CM/EP 复合相变储能材料的微观形貌

不同目数的 EP 和不同 EP 添加含量的 CM/EP 复合相变储能材料的微观形貌如图 3-2 所示。从图中可以看出，EP1 具有丰富的孔隙结构。当 EP 与相变材料复合后，EP 的孔隙被大量的相变储能材料所填充，且 EP 的表面上也覆有相变储能材料。对于不同目数和质量分数的 CM/EP 复合相变储能材料，EP 对相变材料的吸附和覆盖的程度是不一致的，其微观形貌结构因此也呈现出不规则性。SEM 测试表明了 EP 与相变储能材料之间的有效复合，并且相变储能材料以吸附和裹覆的方式存在于 EP 的孔隙中和表面上。

3.4.2 CM/EP 复合相变储能材料 FTIR 结果分析

CA、MA、CM、EP 和 CM/EP 复合相变储能材料的红外光谱如图 3-3 所示。CA 的红外光谱图中出现了多个特征吸收峰，其中在 2 922 cm^{-1} 和 2 853 cm^{-1} 出现的特征吸收峰分别是由饱和烃基—CH_2 的反对称伸缩振动和对称伸缩振动

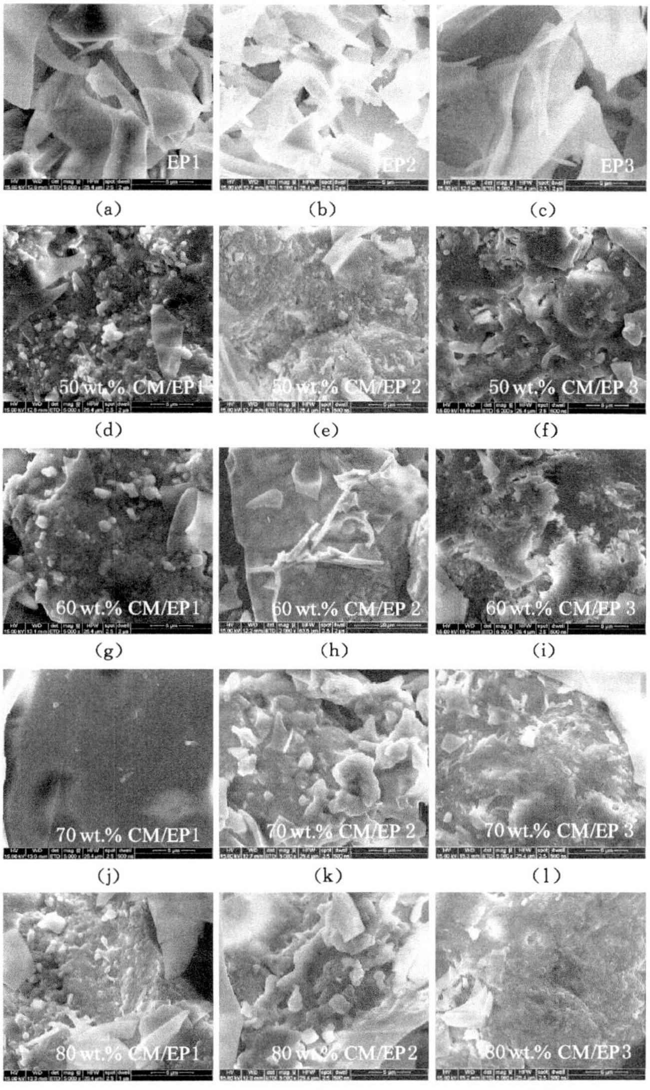

图 3-2　EP 与 CM/EPP 的微观形貌

所引起；在 1 703 cm^{-1}处出现了一个特征吸收峰，它是由羧酸羰基 C=O 的伸缩振动所引起；位于 1 465 cm^{-1}和 1 432 cm^{-1}上的特征吸收峰则是由—CH_2的变角振动(弯曲振动）所引起；羧酸的 C—OH 的伸缩振动和面外弯曲振动分别导致在 1 298 cm^{-1}和 934 cm^{-1}处出现了特征吸收峰；在 723 cm^{-1}和 683 cm^{-1}上出现的特征吸收峰则是由羧酸根的—COO 的变角振动所引起的；而位于 543 cm^{-1}上的特征吸收峰则是由于羧酸根的—COO 的面外摇摆振动所引起的。在 MA 的红外光谱图中也出现了多个特征吸收峰，3 325 cm^{-1}上出现的特征吸收峰是由于醇羟基 R—OH 中—OH 的伸缩振动所导致的；在 2 920 cm^{-1}和 2 850 cm^{-1}上出现的特征吸收峰分别是由饱和烃基—CH_2的反对称伸缩振动和对称伸缩振动所引起；而位于 1 467cm^{-1}处的特征吸收峰则是由—CH_2的变角振动所引起；醇的 C—OH 的伸缩振动使得 1 063 cm^{-1}上出现特征吸收峰；在 724 cm^{-1}上出现的特征吸收峰是由醇的 C—OH 的面外弯曲振动所导致。而在 EP 的红外光谱图中，位于 1 054 cm^{-1}上的宽频特征吸收峰是由于 Si—O—Si 的反对称伸缩振动所引起；在 790 cm^{-1}处的特征吸收峰则是由于 Si—O—Si 的对称伸缩振动所引起。

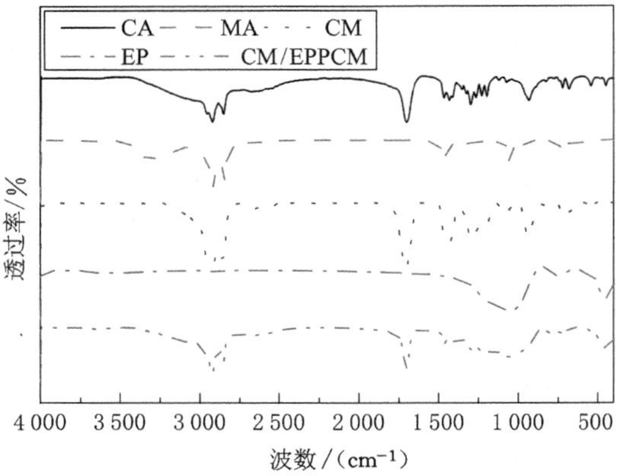

图 3-3　CA、MA、CM、EP 和 CM/EP 复合相变储能材料的红外光谱图

从 CM 的红外光谱图中可以看出，CM 的特征吸收峰包含 CA 和 MA 的特征吸收峰，没有明显的特征吸收峰的出现或者消失。同样，在 CM/EP 复合相变储能材料的红外光谱图中也明显看出，CM/EPPCM 的特征吸收峰包含 EP 和 CM 两者的特征吸收峰。测试结果表明 CA 和 MA 的复合以及 EP 吸收 CM 的过程没有发生化学反应。

3.4.3　CM/EP 复合相变储能材料的相变特性

由图 3-4 可以看出，每种 CM/EP 复合相变储能材料的 DSC 熔化曲线上基本都出现了两个吸收峰，不同类型 CM/EP 复合相变储能材料的吸收峰的区别在于它们的高度和形状规则程度不一致。从图 3-4 可以看出，随着 CM/EP 复合相变储能材料中 CM 比例的增加，吸收峰的高度越来越大，两个吸收峰的形状也越来越规则，大小也越来越接近。

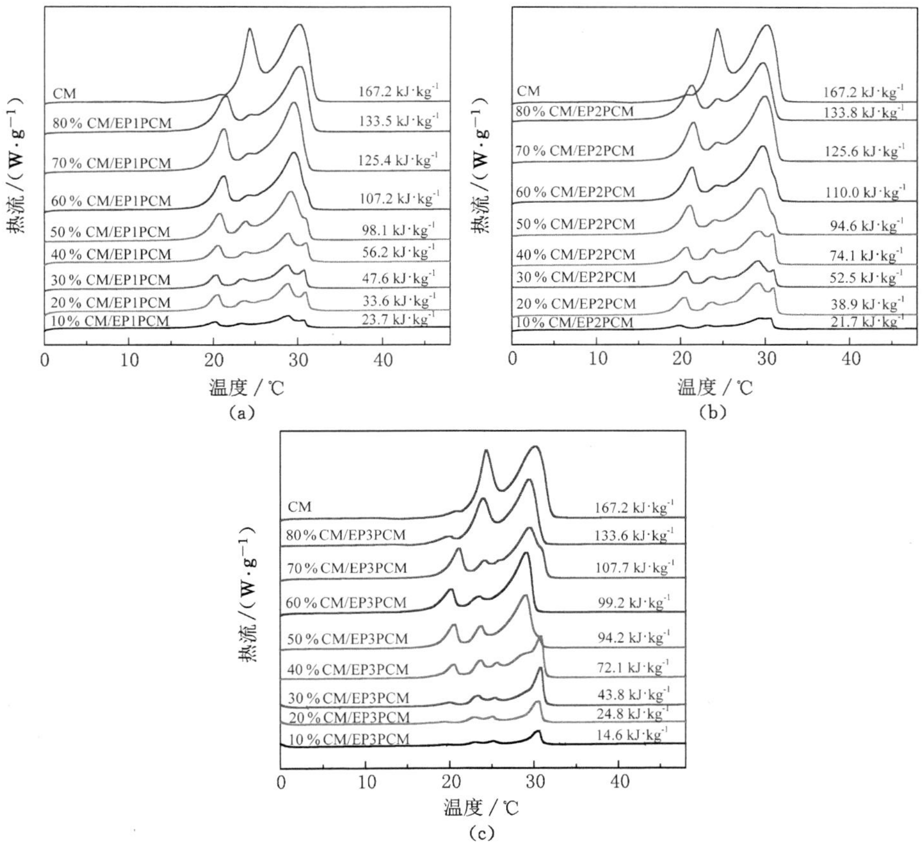

图 3-4　CM 和 CM/EP 复合相变储能材料的 DSC 测试曲线

DSC 曲线上凸起的吸收峰与水平曲线所围的面积代表相变焓值的大小，而图中每条 DSC 曲线上的吸收峰的宽度相差不大，因此 DSC 曲线上吸收峰的高度表征了相变焓值的大小。也就是说，随着 CM/EP 复合相变储能材料中 CM 的质量分数的增加，CM/EP 的相变焓值越来越大。同时，从图中可以看出不同 CM/EP 的 DSC 曲线上的吸收峰的宽度相差不大，基本都在 17～32 ℃之间，表明了不同 CM/EP 的相变温度范围基本一致。DSC 曲线上出现两个吸收峰，说明 CM 经历了两次相变过程，相比纯相变材料来说扩大了相变温度范围，更有利于实际应用。对比图 3-4(a)、(b)和(c)中三组 DSC 曲线，(a)图和(b)图曲线上的双峰比(c)图的要明显，而且吸收峰的高度整体也比(c)图的大。从这个角度来说，(a)图和(b)图中的 DSC 曲线所对应的 CM/EP 相对(c)图更能满足实际应用要求。

由上述分析可知，CM/EP 复合相变储能材料的相变焓值随着 CM/EP 中 CM 质量分数的增大而增大，这种变化规律可以解释如下：EP 在 0～50 ℃的温度范围内不会发生相变，相变焓值为 0，而 EP 的添加使 CM 的质量分数减少，因此导致 CM/EP 的相变焓值降低。

通过 DSC 测试所得到的是 CM/EP 复合相变储能材料的相变焓值，这里的相变焓值是质量焓值，单位为 $kJ \cdot kg^{-1}$。而体积焓值表示的是每单位体积 CM/EP 的相变焓值的多少，单位为 $J \cdot cm^{-1}$。将 CM/EP 复合相变储能材料应用于建筑围护结构时，建筑围护结构的体积是一定的，因此所用 CM/EP 的数量更多的是以体积来计算，所以相对质量焓值来说，体积焓值更为直观。

体积焓值的计算公式可以由质量焓值推导而来，经过相关推导得到其计算公式：

$$H_V = H_M \times \frac{\rho_{\mathrm{EP}}}{\omega_{\mathrm{EP}}} \tag{3-1}$$

式中，H_V 是 CM/EP 复合相变储能材料的体积焓值；H_M 是 CM/EP 的质量焓值；ρ_{EP}是 EP 的密度；ω_{EP}是 EP 的质量分数。CM/EP 复合相变储能材料的体积焓值如图 3-5 所示。由图 3-5 可知，随着 CM/EP 中 CM 的质量分数的增加，其体积焓值不断增大。对于不同目数的 EP 来说，30～50 目的 EP 所对应的 CM/EP2 复合相变储能材料的体积焓值最大，50～70 目的 EP 所对应的 CM/EP3 的体积焓值最小，而 20～30 目的 EP 所对应的 CM/EP1 的体积焓值则介于两者之间。因此，选择体积焓值较大的 CM/EP2 复合相变储能材料用于建筑室内温度调控。

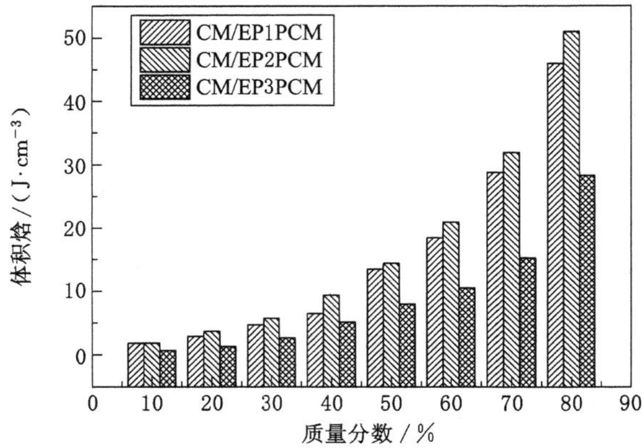

图 3-5　CM/EP 复合相变储能材料的体积焓值

3.4.4　CM/EP 复合相变储能材料的泄漏测试结果

EP 具有丰富的蜂窝状多孔结构，多孔结构能够利用毛细作用和表面张力吸收一定量的相变储能材料。但这种吸收能力不是无限的，存在一个上限值，EP 中相变储能材料的量如果超过这个值，熔融状态下的相变储能材料就会从中泄漏出来，从而降低 CM/EP 复合相变储能材料的热存储能力。为此，需要对不同 EP 添加含量的 CM/EP2 复合相变储能材料进行泄漏情况测试，以确定 EP 的最大吸收量。

不同 CM 添加含量的 CM/EP2 复合相变储能材料的泄漏情况如表 3-3 所示。从测试结果中可以看出，随着 CM 质量分数的增加，泄漏情况逐渐加重。这是由于 CM 质量分数的不断增加，CM/EP2 复合相变储能材料中 EP 吸收 CM 的量也不断增加，而 EP 的最大吸收能力一定，CM 的量超过 EP 的最大吸收量时，多余的 CM 熔化后就会从 EP 中泄漏出来；并且超出 EP 的最大吸收量越多，泄漏情况也就越严重，具体表现为所对应的分析滤纸上的深色泄漏斑。研究结果表明，在 CM/EP2 复合相变储能材料中，当 CM 的质量分数超过 50%时，会出现比较明显的泄漏现象。泄漏情况的出现不利于复合相变储能材料在建筑中的应用。因此，CM/EP2 复合相变储能材料中 CM 的质量分数不能超过 50%。结合体积焓值，最终选取含有 CM 质量分数为 50%的 CM/EP2 复合相变储能材料进行后续的研究。

表 3-3　CM/EP2PCM 的泄漏测试

复合材料	0 min	30 mins	60 mins	120 mins
10% CM/EP2PCM				
20% CM/EP2PCM				
30% CM/EP2PCM				

续表 3-3

复合材料	0 min	30 mins	60 mins	120 mins
40% CM/EP2PCM				
50% CM/EP2PCM				
60% CM/EP2PCM			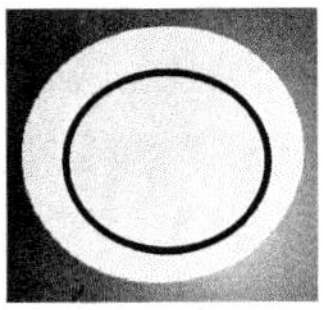	
70% CM/EP2PCM				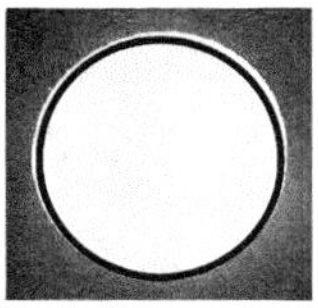
80% CM/EP2PCM				

3.4.5 CM/EP 复合相变储能材料的热稳定性测试

热稳定性是指物质在高温加热的环境下能够保持原有的质量不变而且不发生分解，以及在一定环境条件下循环工作多次后依旧保持最初的性能不变。物质的热稳定性可以通过 TG 和循环稳定性进行表征，通过分析物质的 TG 和循环稳定性，从而确定该种物质的工作温度范围和工作能力的可靠程度。

由图 3-6 可以看出，EP 在30～400 ℃的温度范围内没有发生质量的变化，热稳定性较好。主要是由于 EP 的主要成分为 SiO_2、Al_2O_3 等金属氧化物，在30～400 ℃的温度范围内不存在熔化降解等情况。CA 和 MA 开始降解的温度分别为 122 ℃和 133 ℃。CA 的降解温度低于 MA，这是因为 CA 的熔沸点低于 MA 的缘故。当温度大于 CA 和 MA 的降解温度时，在此温度下 CA 和 MA 的质量急剧减少。当温度达到 212 ℃和 223 ℃时，CA 和 MA 的质量依次减少为 0，这是因为在此温度下 CA 和 MA 发生气化现象导致质量挥发散失所致。对于 CM，开始降解的温度约等于 CA 开始降解的温度，降解结束的温度稍大于 MA 的降解结束温度。在 30～122 ℃的温度范围内，50%CM/EP2 复合相变储能材料的质量基本没有发生变化，这说明 50%CM/EP2PCM 在 122 ℃之前并未发生热降解，在此温度范围内的热稳定性较好。当温度上升至 226 ℃时，含有 CM 质量分数为 50%的 CM/EP2 复合相变储能材料的质量减少为原来的 50%左右，这主要是因为 50%CM/EP2PCM 中 CM 发生热降解的结果。

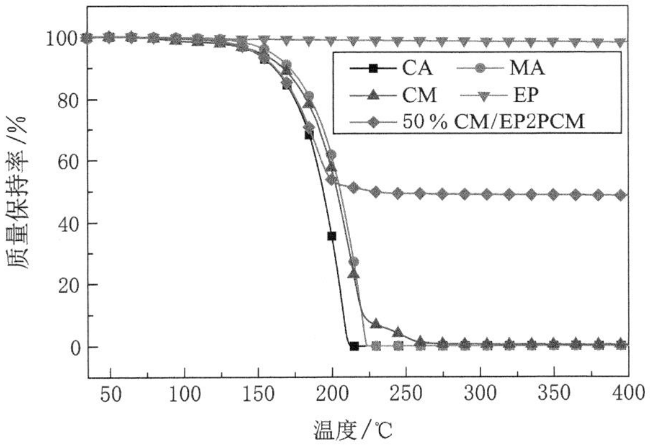

图 3-6　CA、MA、CM、EP 和 CM/EP2 复合相变储能材料的 TG 图

由上述分析可知，50%CM/EP2 复合相变储能材料在常规应用的温度范围内(不超过 50 ℃)热稳定性较好，不会发生热降解，能够满足其在建筑领域中应用的基本要求。

通过进行多次的 DSC 循环测试可以判断相变储能材料循环稳定性的好坏，从而确定其循环稳定性。采用 DSC 测试了 50%CM/EP2PCM 循环 1 次、100 次、200 次、300 次、400 次和 500 次的热性能。

由图 3-7 可以看出，50%CM/EP2PCM 第 1 次循环到第 500 次循环的 DSC 曲线图的峰形、峰值和峰的数量基本没有变化。它们之间微小的区别在于随着循环次数的增加，DSC 曲线上第一个峰的起始位置稍微向左偏移。50%CM/EP2 复合相变储能材料循环前后的热物性如表 3-4 所示，经过 500 次循环后，50%CM/EP2 复合相变储能材料的熔化过程的峰值温度(相变温度)分别变化了 0.6 ℃和 0.2 ℃。循环过程中，50%CM/EP2PCM 相变焓值之间的最大差值为 1.8 kJ · kg^{-1}。测试结果表明，50%CM/EP2 复合相变储能材料的相变温度和相变潜热在经过多

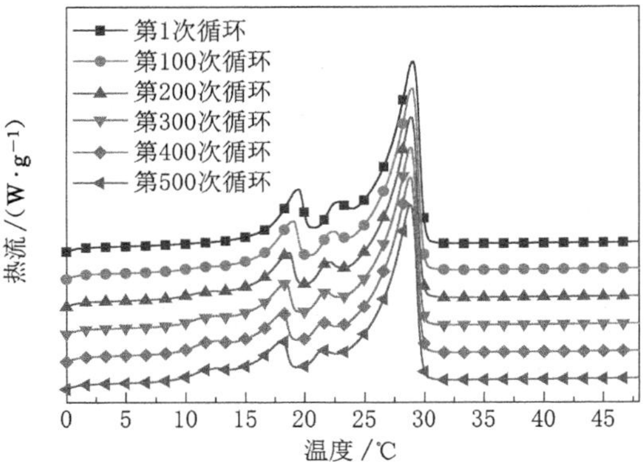

图 3-7　50% CM/EP2 复合相变储能材料循环前后 DSC 图

次 DSC 循环后变化很小，具有较好的热循环稳定性。

表 3-4　　50%CM/EP2 复合相变储能材料循环前后的热物性

循环次数	开始温度	结束温度	峰值温度/℃	峰值温度/℃	相变焓值/($kJ\cdot kg^{-1}$)
1	16.5	31.1	18.1	29.0	92.2
100	16.3	31.0	18.0	29.0	94.0
200	15.9	30.7	17.8	28.9	93.2
300	15.7	30.5	17.6	28.9	93.8
400	15.6	30.3	17.5	28.8	93.9
500	15.6	30.2	17.5	28.8	93.4

3.5　CM/EP 复合相变储能材料在建筑中的温度调控

3.5.1　相变水泥板的制备

在实际中一般将相变储能材料与其他辅助材料相结合制备成建筑材料后再应用于建筑中。本章将 50%CM/EP2 复合相变储能材料掺入水泥中，经混合搅拌后制备成复合相变材料水泥板(相变水泥板)，进而将其应用于建筑节能。

为了探究相变材料对建筑温度的调控特性，实验中一共制备了 9 块水泥板，尺寸均为 500 mm×300 mm×40 mm，其中三块是掺有不同比例 CM/EP2 复合相变储能材料的相变水泥板，另外 6 块是纯水泥板。在 6 块纯水泥板中，其中 5 块纯水泥板作为水泥实验房间模型的四周围护结构和地板结构，另外 1 块纯水泥板为参照板,作为水泥实验房间模型的屋顶结构。三块相变水泥板用作水泥实验房间模型的屋顶结构。

普通水泥板和相变水泥板的具体制备过程如下：

(1) 将自制模具(如图 3-8 所示)用水清洗干净,在自制模具上覆盖一层保鲜膜以利于脱模。

(2) 将普通硅酸盐水泥、优质河砂和一定体积比例的 CM/EP2 复合相变储能材料倒入搅拌容器中,并混合均匀。然后加入适当的水进行搅拌,其中加入的水、普通硅酸盐水泥和优质河沙的体积比例为 1∶2∶4,添加 CM/EP2 的体积分别为水泥板总体积的 10%、20%和 30%。

(3) 待水泥砂浆搅拌至黏稠状,将其倒入自制模具中,然后用插入式振捣器振捣模具中的水泥砂浆,直至其表面出现水泥浆为止,使其内部尽量不出现气泡和空隙,接着用塑料抹泥板将水泥砂浆表面抹平整。

(4) 在自制模具中的水泥砂浆表面覆盖一层保鲜膜,防止水分过度散失从而导致水泥板表面开裂。

(5) 静置 24 h 后拆模,在室温下放置 2～3 d,然后置于太阳下晾晒 1 d,便可得到 CM/EP2 复合相变储能材料体积分数含量为 10% 、20%和 30%的相变水泥板。

图 3-8　自制水泥板模具

同理,根据上述步骤,不添加 CM/EP2 复合相变储能材料时,可得到其余 6 块纯水泥板。制成的纯水泥板和相变水泥板如图 3-9 所示。

3.5.2　相变水泥板的导热系数测试

导热系数在热能存储系统的储/放热过程中具有重要意义,为此测试了纯水泥板和含 CM/EP2 复合相变储能材料体积分数为 10%、20%、30%的相变水泥块在 15 ℃、20 ℃、25 ℃、30 ℃、35 ℃、40 ℃的导热系数,测试结果如图 3-10

所示。

图 3-9　制成的纯水泥板和相变水泥板

(a) 自制纯水泥板；(b) 相变水泥板；(c) 相变水泥板局部放大图；(d) 相变水泥板局部截面图

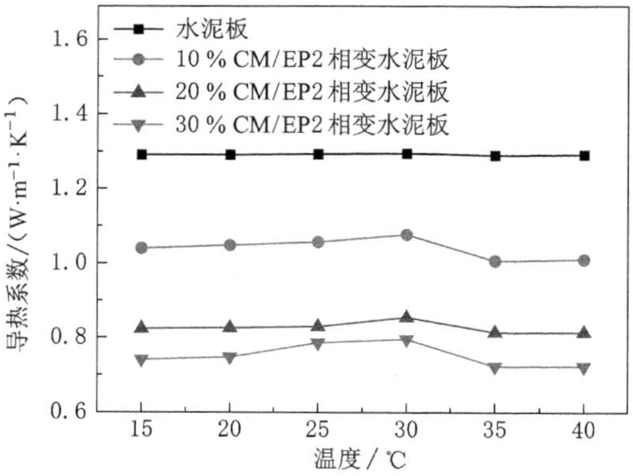

图 3-10　相变水泥板的导热系数测试结果

对于 CM/EP2 复合相变储能材料比例为 10%、20% 和 30% 的相变水泥板，其导热系数在 15～30 ℃的范围内均随着温度的升高而增大。当温度为 30 ℃时，导热系数达到最大值，CM/EP2 的体积分数为 10%、20%、30% 的相变水泥板的导热系数分别为1.076 0、0.854 2和0.794 9 $W\cdot m^{-1}\cdot K^{-1}$。随着温度的进一步升高，导热系数值开始降低。上述现象的原因解释如下：对于瞬态热线法测导热系数，其基本原理是用两件相同的测试样品将一根细长的金属加热丝紧紧夹住，金属加热丝通电后在一定的加热功率下温度开始上升，经过一定的时间后，观察金属加热丝的温度变化情况，在加热功率一定的情况下，金属加热丝的温度越高，导热系数越小，而相变储能材料在相变过程中要从外界吸收大量的热量，因此相变水泥板中的CM在发生相变时会使得金属加热丝的温升速率减小，导致金属加热丝的最终温度减小，因此所测得的导热系数越大。CM/EP2复合相变储能材料的相变温度范围在20～30 ℃左右，从20 ℃到30 ℃的过程中相变程度越来越剧烈，所以相变水泥板的导热系数在这个温度范围内是逐渐增大的，而且在30 ℃时达到最大值。当温度大于30 ℃后，CM已经相变结束并且变成液态，而液态CM的导热系数小于固态时的导热系数。因此30 ℃后导热系数降低，并且低于15 ℃时相变水泥块的导热系数。对于纯水泥块，其内部不含CM，在温度变化的过程中不会发生相变，因此纯水泥块的导热系数在15～40 ℃的温度范围内基本保持不变，约为1.292 $W\cdot m^{-1}\cdot K^{-1}$。

从图3-10中还可以发现，随着CM/EP2复合相变储能材料比例的增加，相变水泥板的导热系数逐渐减小。这主要是因为水泥块中热量的传递主要靠弹性波作用，水泥块越致密弹性波越容易传递，导热系数也就越大。低密度的CM/EP2复合相变储能材料的添加使得水泥块内部形成大量的"孔隙"，降低了水泥块整体的致密程度，从而使得导热系数减小。此外，CM具有储热能力，在相变过程中吸收热量而保持温度近似不变，等效增大了水泥块的热容，降低了水泥块整体的导热系数。因此，随着水泥块中CM/EP2PCM比例的增加，其导热系数越来越小，归因于水泥块中CM/EP2的含量越多，水泥块内部的"孔隙"也就越多，从而使得水泥块整体的致密程度不断下降，而且CM/EP2的增加使得水泥块的潜热蓄热量增加，导致相变水泥块的热容增大，在双重作用下，相变水泥块的导热系数不断减小。

3.5.3　相变水泥板的抗压强度测试

作为建筑围护结构，相变水泥板必须具备一定的抵抗外界压力冲击的能力。为了探究相变水泥板中CM/EP2复合相变储能材料的比例对其抗压强度的影响，对含CM/EP2体积分数为10%、20%、30%的相变水泥板和纯水泥板进行了抗压强度的测试实验。

根据实验需求，一共制备了4块水泥块测试样品，其中包括3块含CM/EP2复合相变储能材料体积分数分别为10%、20%、30%的水泥块和1块纯水泥块。水泥块测试样品的尺寸按照标准抗压强度测试件的尺寸来制作，尺寸为70.7

mm×70.7 mm×70.7 mm。制作完成的水泥板测试样品如图 3-11 所示。

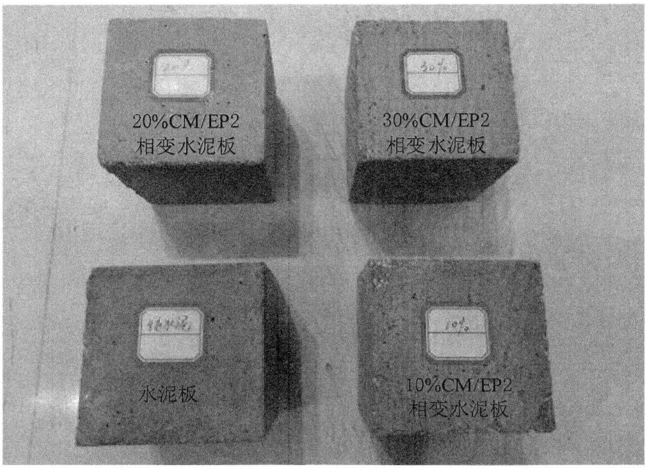

图 3-11　水泥板抗压强度测试样品

抗压强度测试结果如图 3-12 所示，随着水泥板测试样品中 CM/EP2 复合相变储能材料比例的增加，水泥块测试样品的抗压强度逐渐减小，而且减小的幅度较大。CM/EP2 的添加含量为 10%、20%和 30%的相变水泥板与纯水泥板相比，抗压强度分别降低了 54%、71.3% 和 81.6%。由此可见，随着 CM/EP2 添加量的增加，水泥板的抗压强度逐渐降低，但下降幅度呈现出减小的趋势。

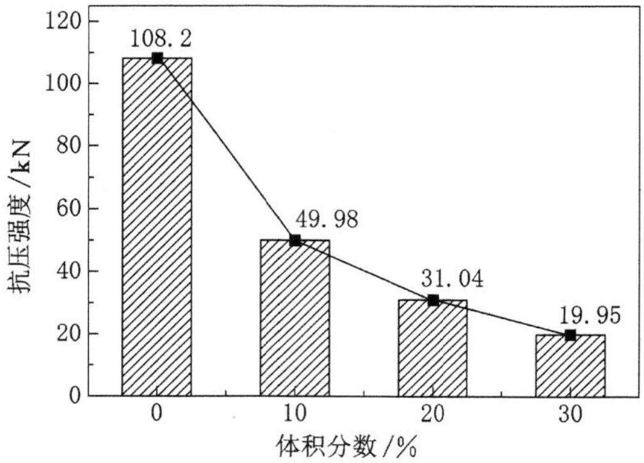

图 3-12　含不同体积分数 CM/EP2 复合相变储能材料水泥板的抗压强度

添加 CM/EP2 复合相变储能材料的相变水泥板的抗压强度之所以小于纯水泥板，是由于 CM/EP2 的密度和硬度都小于纯水泥，从而使得相变水泥板的整体密度和硬度小于纯水泥板。因此相变水泥板与纯水泥板相比抗压强度减小，抵抗外界压力冲击的能力下降。此外，不同材料混合使得它们之间的黏结性小于同种材料之间的黏结性，进而导致混合材料内部整体的黏结强度下降，因此其抗压强度也随之减小，所以相变水泥板的抗压强度明显小于纯水泥板。

3.5.4 相变水泥板对建筑温度调控特性研究

为研究相变水泥板对建筑温度的调控特性，设计了4组水泥板的储放热实验，其中3组实验的水泥板分别添加了体积分数为10%、20%和30%的CM/EP2复合相变储能材料，另一组实验的水泥板为纯水泥板，作为对照组。本实验主要通过分析对比实验组和对照组的各温度测点的温度随时间的变化规律，得出相变水泥板对建筑温度的调控特性。

相变水泥板建筑温度调控测试实验示意图如图3-13所示，实验系统主要由水泥房间模型、计算机、数据采集仪、红外加热灯和K型热电偶等组成。水泥实验房间模型的四周和底部由纯水泥板围砌而成，屋顶则由相变水泥板制作而成。在水泥实验房间模型的正上方0.5 m处悬挂红外加热灯，功率为270 W，作为高温热源，用于在实验过程中加热水泥实验房间模型。水泥实验房间模型的四周和底部用隔热海绵板进行包裹，以防止加热过程中热量的散失。水泥实验房间模型内的温度变化由K型热电偶和数据采集仪获取。水泥实验房间模型内温度测点的分布如图3-13(b)所示，其中测试用的相变水泥板的尺寸为500 mm×300 mm×40 mm，在测试板的上表面布置了5个温度测点，其中4个温度测点分布在测试板的4个角落，距离测试板边缘50 mm，第5个温度测点位于测试板的中心处。在测试板的下表面同样布置了5个温度测点，它们的位置与上表面温度测点的位置相对应。另外，在水泥实验房间模型内部空间的中心位置处由高到低依次布置了4个温度测点，它们之间的间隔以及与底面和顶面的距离都为60 mm。水泥实验房间模型所处的外部环境温度维持在16 ℃左右。

实验开始时，开启红外加热灯对测试板的上部空间进行加热，加热过程持续时间约9 h。9 h过后将红外加热灯关闭，让水泥实验房间模型在16 ℃的室温下自然冷却15 h。本组实验结束后，保存相关实验数据，接着换另一比例的相变水泥板进行测试。

相变水泥板建筑温度调控测试结果如图3-14所示。从图中可以看出，在加热过程前期，相变水泥板上表面温度测点的温度开始快速上升。在加热过程后期，温度上升曲线趋于平缓，温度上升速率减小。在加热过程中，相变水泥板下表面温度测点的温度变化规律与上表面的基本一致，由于相变水泥板的存在，使得水泥板上下表面存在传热温差，因此下表面温度测点的温度值明显小于上表面温度测点的温度值。在加热过程中，水泥实验房间模型内部空间温度测点的

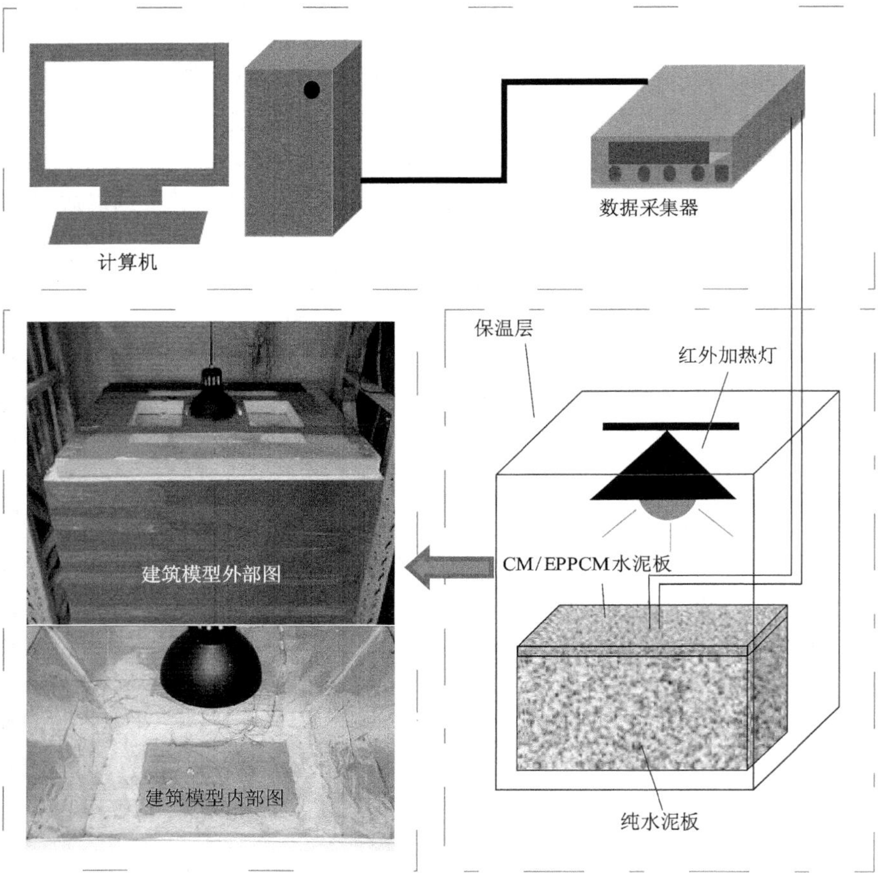

(a)

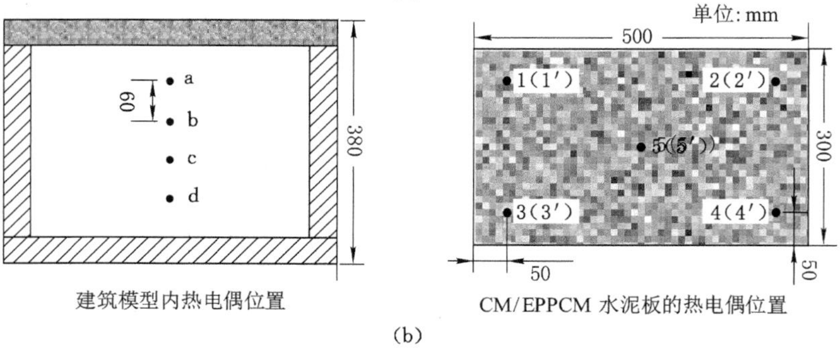

(b)

图 3-13　相变水泥板建筑温度调控测试实验系统示意图

温度变化规律和上下表面温度测点的温度变化规律基本一致，且加热过程的大部分时间内，内部空间温度的上升速率在三者之中是最小的，并且内部空间与下表面的温差远大于上表面与下表面的温差，这归因于热量从上表面传递到下表面所经过的介质是固体，导热系数大；而热量从下表面传递到内部空间所经过的介质是气体，导热系数小。在加热过程中各测温点温升速率先大后小的原因是由于随着上下表面和内部空间温度的不断增大，它们与热源之间的传热温差不断减小，传热速率不断降低，从而导致温度上升速率在加热过程中出现递减的现象。在冷却过程中，上下表面和内部空间各测温点的温度下降速率也呈现出逐渐减小的规律，不同的是当时间大于 50 000 s 时，内部测温点的温度首次大于上下表面测温点的温度，并且持续到冷却过程结束，这主要也是因为内部空间测温点周围的传热介质是空气，导热系数小，散热慢。

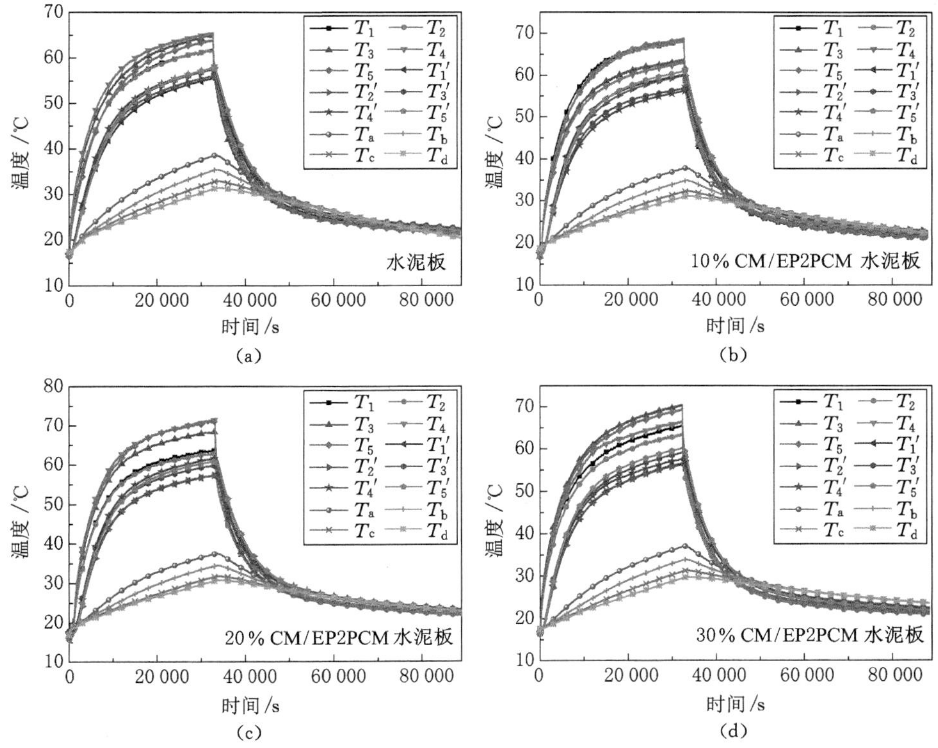

图 3-14　各测温点的温度值随时间的变化规律

(a) 纯水泥板；(b) 10%相变水泥板；(c) 20%相变水泥板；(d) 30%相变水泥板

不同比例 CM/EP2 复合相变储能材料的相变水泥板上下表面的平均温差如图 3-15 所示。从图中可以看出，在加热的起始阶段，上下表面平均温差急剧上升，这是因为红外加热灯的开启产生了高温热辐射，使得水泥板上表面的测温点在灯光的照射下温度快速升高，而灯光照射在水泥板上表面的热量需要经过一定的时间才能传递到水泥板下表面，因此水泥板下表面测温点的温度在加热开始后的短时间内基本保持不变，所以加热开始后的短时间内，上下表面平均温差急剧增大。随后，水泥板上下表面平均温差随时间的变化逐渐减小，这是因为随着加热过程的进行，水泥板下表面的温度不断升高，但上表面温升速率小于下表面，因此上下表面温差不断减小。在冷却过程的起始阶段，由于红外加热灯关闭，水泥板上表面与周围环境存在巨大温差，向周围环境辐射大量热量，温度在短时间内快速下降，而水泥板下表面的热量传递是通过热传导进行的，温度在短时间内变化不大，因此水泥板上下表面的平均温差急剧减小，甚至出现了负值。随着冷却过程的不断进行，水泥板上表面的温降速率降低，水泥板下表面的温度开始下降，但不会低于上表面的温度。因此，上下表面平均温差的绝对值开始减小，但平均温差值依旧小于 0 ℃。随着时间的推移，上下表面的平均温度趋于一致，上下表面的平均温差也趋于 0 ℃。

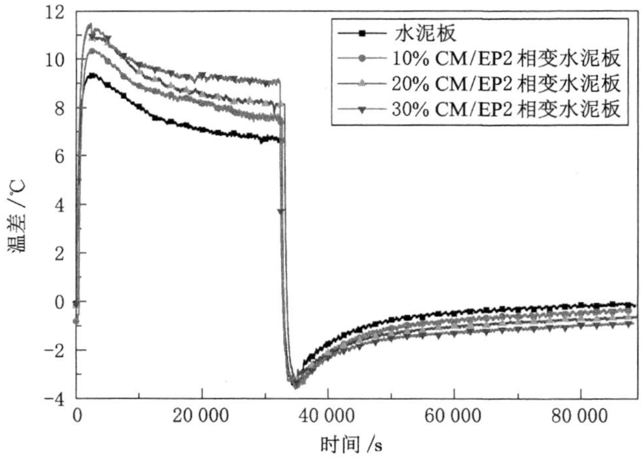

图 3-15 相变水泥板上下表面平均温差随时间的变化规律

在加热过程和冷却过程中，随着水泥板中 CM/EP2 复合相变储能材料比例的增多，水泥板上下表面平均温差的绝对值逐渐增大，这归因于相变水泥板中 CM/EP2 的比例越大，相变水泥板的导热系数越小，而且 CM/EP2 的增多使得水泥板整体的等效热容增大，一定程度上增强了“隔热”的效果，在这双重作用下，相变水泥板上下表面的平均温差绝对值逐渐增大。

图 3-16 为实验房间模型内部空间平均温度随时间的变化曲线。从图中可以看出，在加热阶段，随着 CM/EP2 复合相变储能材料比例的增大，内部空间的平均温度逐渐减小，而且内部空间平均温度的上升速率也逐渐减小。一方面是由于 CM/EP2 的加入使得水泥板的导热系数减小；另一方面由于 CM/EP2 在升温过程中会发生相变，吸收大量的热量而温度基本保持不变，阻隔了热量的传递。在冷却阶段，随着 CM/EP2 比例的增大，内部空间平均温度的下降速率逐渐减小。当时间大于 60 000 s 时，水泥板中 CM/EP2 的比例越大，内部空间平均温度也越大。这是由于在冷却的过程中，除了导热系数随 CM/EP2 比例的增大而减小外，液态的 CM 随着温度的降低逐渐凝固，在凝固的过程中 CM 释放出熔化过程时吸收的潜热，从而在一定程度上减缓了内部空间平均温度的下降趋势，并且 CM/EP2 比例越大，这种减缓效果越明显。

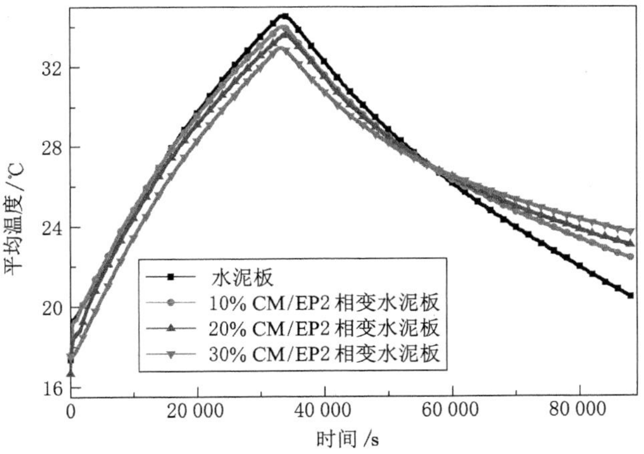

图 3-16　实验房间模型内部空间平均温度随时间的变化规律

从图 3-16 中还可以看出，在整个加热和冷却阶段，水泥板中 CM/EP2 复合相变储能材料的比例越大，实验房间模型内部空间的平均温度的波动越小。在加热阶段，纯水泥板和 CM/EP2 体积含量为 10%、20%、30%的相变水泥板所对应的内部平均温度的最大值分别为 34.57 ℃、34.01 ℃、33.61 ℃和 32.96 ℃。在冷却阶段，纯水泥板和 CM/EP2 体积含量为 10%、20%、30%的相变水泥板所对应的内部平均温度的最小值分别为 20.47 ℃、22.37 ℃、23.03 ℃和 23.67 ℃。由此可知，加热过程中，CM/EP2 体积含量为 10%、20%和 30%的相变水泥板对应的内部平均温度的最高值相对于纯水泥板分别减小了 0.56 ℃、0.96 ℃和 1.61 ℃，而冷却过程中，CM/EP2 体积含量为 10%、20%和 30%的相变水泥板对应的内部平均温度的最低值相对于纯水泥板分别增大了 1.9 ℃、2.56 ℃

和3.2 ℃。

经过上述分析可知，在水泥板中添加 CM/EP2 复合相变储能材料后，能有效地减缓室内温度的上升趋势和下降趋势，一定程度上也降低了室内温度的最高值和提高了室内温度的最低值，进而减小了室内温度的波动，提高了室内环境的热舒适度，而且这种改善效果随着 CM/EP2 比例的增大而提高。

3.6 本章小结

针对目前建筑节能以及建筑围护结构保温隔热的需求，本章首先通过真空浸渍法，将 CA 和 MA 质量比为 9∶1 的 CM 浸入不同目数的 EP 中，制成了不同类型的 CM/EP 复合相变储能材料，并对 CM/EP 复合相变储能材料进行了 SEM、FTIR、DSC、TG、泄漏情况和循环稳定性测试和表征。同时将制备好的含 CM 质量比为 50％的 CM/EP2 复合相变储能材料掺入水泥中制备成相变水泥板，并对相变水泥板的抗压强度和导热系数进行了表征。然后搭建实验房间模型，测试了不同 CM/EP2 含量的相变水泥板对实验房间模型内部温度的调控特性。本章主要得出的结论如下：

（1）通过真空浸渍法制备了 CM/EP 复合相变储能材料，所制备的 CM/EP-PCM 热稳定性和循环稳定性较好，热可靠性较高。CM/EP 的相变温度范围为 17～32 ℃，相变潜热随着 CM 含量的增大而增大。随着 CM 的质量分数不高于 50％时，CM/EP 复合相变储能材料基本不发生泄漏，但当比例超过 50％时，开始出现明显的泄漏现象。结合 CM/EP 的体积焓值，最终选取含有 CM 质量分数为 50％，EP 目数为 30～50 目的 CM/EP2 应用于建筑储能中。

（2）将 EP 目数为 30～50，CM 比例为 50％的 CM/EP2 复合相变储能材料掺入水泥中，制成了 CM/EP2 体积分数分别为 10％、20％和 30％的相变水泥板。结果表明，纯水泥板的导热系数随着温度的变化基本保持不变，相变水泥板的导热系数随着温度的增大先增大后减小，当温度达到 30 ℃时导热系数达到最大值。同一温度下，导热系数随着 CM/EP2 比例的增大而减小。然后测试了相变水泥板的抗压强度，结果表明相变水泥板的抗压强度随着 CM/EP2 添加含量的增加而下降。

（3）搭建了实验房间模型，并对纯水泥板、CM/EP2 体积分数为 10％、20％和 30％的相变水泥板对建筑的温度调控特性进行了研究。实验结果表明，在水泥板中添加 CM/EP2 后，实验房间模型内部的温度上升速率和下降速率减小，而且这种减小程度随着水泥板中 CM/EP2 比例的增大而增大。在加热过程中，CM/EP2 体积分数为 10％、20％和 30％的相变水泥板对应的内部温度的最高值相对于纯水泥板分别减小了 0.56 ℃、0.96 ℃和 1.61 ℃，在冷却过程中，CM/EP2 体积分数为 10%、20%和 30%的相变水泥板对应的内部温度的最低值相对于纯水泥板分别增大了 1.9 ℃、2.56 ℃和 3.2 ℃。

将相变水泥板应用于建筑围护结构，能够减小室内温度波动，改善室内环境的热舒适度，减少空调等室内温度调节器的工作量，进而节约能源，降低建筑能耗。

第4章 三水合醋酸钠/膨润土定型复合相变储能材料及其热性能

4.1 引　　言

无机水合盐相变储能材料具有诸多优良特性,如相变潜热大、温度适用范围广、储放热过程接近于恒温过程等。这些优点使得无机水合盐相变储能材料在储能领域应用前景十分广阔。但无机水合盐存在的一些缺点,如放热结晶过程中过冷度较大、多次循环后出现相分离、温度升高后容易发生泄漏和循环热稳定性差等,这些缺点使无机水合盐的实际应用受到限制。因此,为了克服无机水合盐相变储能材料的缺点,改善无机水合盐的储热性能,需要向无机水合盐相变储能材料中添加其他材料制备成复合相变储能材料以解决以上问题。

本章选取相变潜热大、成本低的三水合醋酸钠(SAT)为无机水合盐相变储能材料,以膨润土、碳化硅为添加剂,采用熔融共混法制备三水合醋酸钠/膨润土和三水合醋酸钠/膨润土/碳化硅复合相变储能材料,并对复合相变储能材料的微观形貌、过冷度、泄漏特性、相变温度、相变潜热、热稳定性和储热特性等进行了研究。

4.2 三水合醋酸钠复合相变储能材料的制备

4.2.1 实验药品与试剂

本章制备三水合醋酸钠复合相变储能材料所使用的主要原材料如表4-1所列。

表 4-1　　三水合醋酸钠复合相变储能材料的主要原料及其规格

原料及试剂	英文简写	规格	生产厂家
碳化硅	SC	99.9%	复朗施纳米科技
去离子水	—	AR	自制
膨润土	Bentonite	AR	瑞腾化工
三水合醋酸钠	SAT	AR	阿拉丁试剂

4.2.2　实验仪器

本章制备三水合醋酸钠复合相变储能材料所使用的主要仪器如表 4-2 所示。

表 4-2　　三水合醋酸钠复合相变储能材料制备所用的主要仪器

仪器名称	型号	生产厂家
通风橱	定制	安徽杰克欧德实验室设备有限公司
电子天平	FA2004	上海舜宇横平科技仪器有限公司
真空干燥箱	DZF-6050	上海善志仪器设备有限公司
超声波清洗器	SK3310LHC	上海科导超声仪器有限公司
实验室级纯水器	EPED-EQ-20T	南京易普易达科技发展有限公司
数显磁力搅拌器	MS-H280-PRO	大龙兴创实验仪器(北京)有限公司

4.2.3　三水合醋酸钠复合相变储能材料的制备过程

本章以三水合醋酸钠作为无机水合盐相变储能材料，分别以膨润土、碳化硅作为添加剂，采用熔融共混法进行复合相变储能材料的制备。制备工艺流程如图 4-1 所示，具体步骤如下：

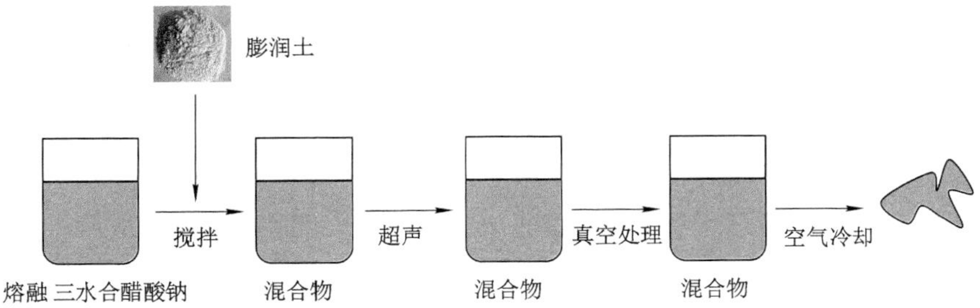

图 4-1　三水合醋酸钠/膨润土复合相变储能材料制备流程

(1) 将一定质量的三水合醋酸钠在 70 ℃下加热至熔融状态；

(2) 将一定质量的膨润土加入(1)中，并采用磁力搅拌器在 600 $r \cdot min^{-1}$ 的转速下持续搅拌 20 min，然后将混合物放入超声波清洗器中以 53 kHz 的频率，在 60 ℃下超声 20 min；

(3) 将(2)中所得到的混合物置于真空干燥箱中，并在 75 ℃、0.08 MPa 的真空环境中放置 30 min；

(4) 将(3)中所得到的混合物置于空气中进行冷却，直至完全凝固，即得到三水合醋酸钠/膨润土复合相变储能材料。

在三水合醋酸钠/膨润土复合相变储能材料的制备过程中，通过调整三水合醋酸钠和膨润土之间的质量比，制备出不同组分比例的复合相变储能材料。三水合醋酸钠/膨润土复合相变储能材料的各组分比例如表 4-3 所示。

表 4-3　三水合醋酸钠/膨润土复合相变储能材料各成分比例

样品	SAT/g	膨润土/g	SAT：膨润土(质量比)
S1	49.5	0.5	99：1
S2	47.5	2.5	95：5
S3	45	5	90：10
S4	40	10	80：20
S5	37	13	74：26
S6	35	15	70：30
S7	30	20	60：40
S8	25	25	50：50

为进一步改善三水合醋酸钠的过冷度和导热性能，在添加膨润土的基础上再添加碳化硅制备成三水合醋酸钠/膨润土/碳化硅复合相变储能材料。制备流程如图 4-2 所示，具体制备步骤如下：

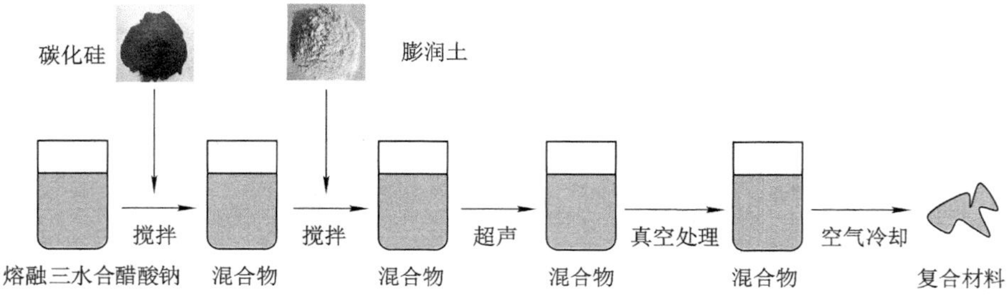

图 4-2　三水合醋酸钠/膨润土/碳化硅复合相变储能材料制备工艺流程

(1) 将一定质量的三水合醋酸钠在 70 ℃下加热至熔融状态；

(2) 将一定质量的碳化硅加入(1)中熔融的三水合醋酸钠中形成混合物，并采用磁力搅拌器以 600 $r \cdot min^{-1}$ 的转速持续搅拌 20 min；

(3) 将一定质量的膨润土加入(2)中，并采用磁力搅拌器以 600 $r \cdot min^{-1}$ 的转速持续搅拌 20 min，然后将混合物放入超声波清洗器中以 53 kHz 的频率，在 60 ℃下超声 20 min；

(4) 将(3)中所得到的混合物置于真空干燥箱中，并在 75 ℃、0.08 MPa 的真空环境中放置 30 min；

(5) 将(4)中所得到的混合物置于空气中进行冷却，直至完全凝固，即得到三水合醋酸钠/膨润土/碳化硅复合相变储能材料。

在三水合醋酸钠/膨润土/碳化硅的制备过程中，通过调整材料之间的质量比来制备出不同材料组分的复合相变储能材料。三水合醋酸钠/膨润土/碳化硅复合相变材料的组成成分如表 4-4 所示。

表 4-4　三水合醋酸钠/膨润土/碳化硅复合相变储能材料各成分比例

样品	SAT/g	膨润土/g	碳化硅/g	SAT∶膨润土∶碳化硅(质量比)
S9	36.75	13	0.25	73.5∶26∶0.5
S10	36.5	13	0.5	73∶26∶1
S11	35.5	13	1.5	71∶26∶3
S12	34.5	13	2.5	69∶26∶5
S13	32	13	5	64∶26∶10
S14	29.5	13	7.5	59∶26∶15

4.3　三水合醋酸钠复合相变储能材料的性能表征

4.3.1　微观形貌表征

采用捷克 Tescan 公司 Tescan Mira3 型高分辨率场发射 SEM 对三水合醋酸钠复合相变储能材料的微观形貌进行观察。取 3～5 mg 样品通过双面导电胶粘在样品台上，然后在其表面进行喷金处理，再将样品放入电镜样品仓内，进行抽真空，在真空度达到 3×10^{-3} MPa 时，打开电子枪，开始观察样品。

4.3.2　FTIR 测试

采用德国布鲁克 TENSOR Ⅱ 型 FTIR 测试仪对三水合醋酸钠及其复合相变储能材料的化学官能团组成进行测试，测试范围为 4 000～400 cm^{-1}。

4.3.3 热成像测试

将三水合醋酸钠及其复合相变储能材料测试样品压成直径 30 mm，厚度为 5 mm 的圆片。把样品置于培养皿内，将培养皿放在 85 ℃水浴环境内进行加热。在加热过程中，每隔特定时间，用红外热成像仪记录复合相变储能材料的温度及形貌变化情况。

4.3.4 过冷度测试

本书通过搭建过冷度测试系统，对三水合醋酸钠及其复合相变储能材料的过冷特性进行测试。测试实验装置示意图如图 4-3 所示。具体测试过程如下：

（1）称取测试样品 25 g 置于试管中，并在试管中布置 K 型热电偶。

（2）将恒温槽温度设置为 80 ℃，使恒温槽内的水逐渐升温加热融化待测样品，直至样品温度达到平衡状态。

（3）再将恒温槽温度设置为 10 ℃，对被测样品进行降温，直至样品温度达到平衡状态，实验过程采用温度巡检仪对测试过程样品的温度变化进行记录。

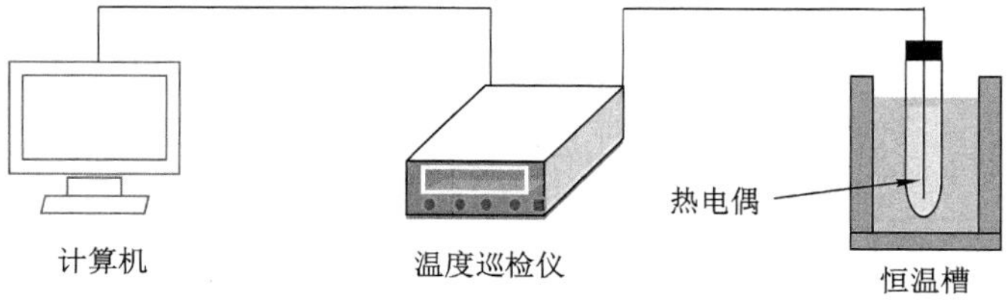

图 4-3 过冷度测试实验装置示意图

4.3.5 相变特性测试

采用 TA 公司 DSC 25 型差示扫描量热仪对三水合醋酸钠及其复合相变储能材料的相变温度和相变潜热进行测试。首先用电子天平称取样品 10～20 mg，将称取好的样品放置于特制铝坩埚中，然后将其加盖密封，再置于差示扫描量热仪中特定位置。测试温度范围为 30～80 ℃，升温速率为 2 ℃·min^{-1}，氮气氛围(50 mL·min^{-1})。

4.3.6 导热系数测试

采用 DRL-Ⅲ型导热系数测量仪对三水合醋酸钠及其复合相变储能材料进行导热系数测试。测试样品为厚度 4 mm，直径 30 mm 的圆片，测试温度为 20 ℃、25 ℃、30 ℃、35 ℃、40 ℃。

4.3.7 储热/释热特性测试

采用如图 4-4(a)所示的实验系统对三水合醋酸钠及其复合相变储能材料的储热/释热特性进行研究。储热/释热实验系统主要包括储热单元、循环水泵、低温恒温槽、恒温水浴锅、温度巡检仪和计算机组成。

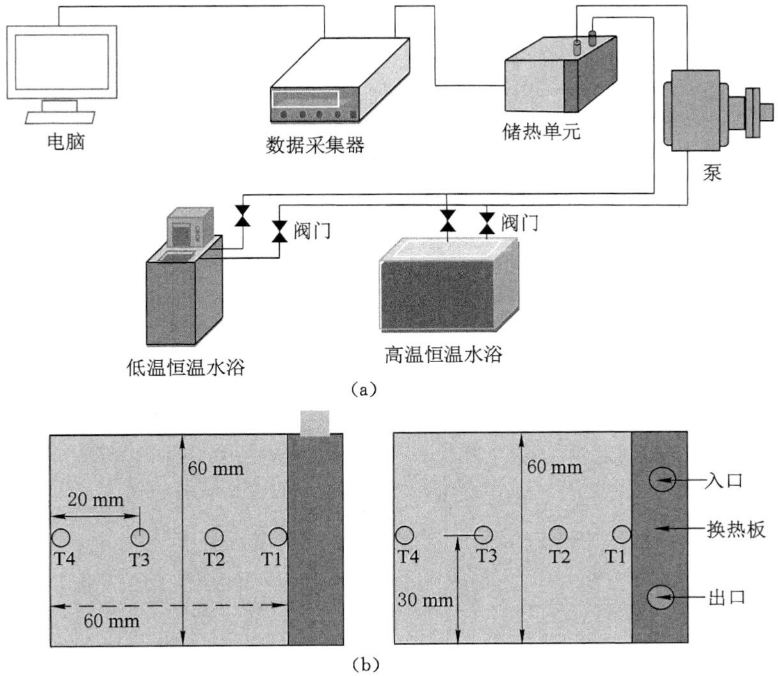

图 4-4　储放热实验系统图

(a) 储热实验平台示意图;(b) 储热单元及热电偶位置

储热单元由亚克力板制成,长×宽×高为 70 mm×60 mm×70 mm,板厚为 5 mm。平板换热器紧贴侧面放入储放热单元用于对相变材料进行换热。储放热单元共布置 4 个 K 型热电偶,分别为 T1、T2、T3 及 T4,热电偶布置位置如图 4-4(b)所示。测试时在储热模块中填充 216 cm^3 的相变储能材料,且采用 K 型热电偶对相变储能材料的温度进行实时测量。

在进行储热测试时,将高温水浴锅中的载热流体在循环水泵的带动下进行循环,载热流体的流量设定为 500 mL · min^{-1},在加热过程中载热流体的温度始终保持在 80 ℃左右,当储热模块中相变材料的温度趋于平衡时储热实验结束。当储热实验结束后,开始放热实验,首先循环水泵将低温恒温槽中的载热流体输入到循环系统中,来进行相变材料的释热实验。当进行释热实验时,实验过程与储热过程保持一致,也采用流量为 500 mL · min^{-1} 的载热流体来对储热模块进行冷却,此时载热流体的温度始终保持在 20 ℃左右,当储热模块中相变材料趋于稳定时,释热实验结束。在整个实验过程中,通过热电偶、数据采集器和计算机对储热模块中的相变材料的温度进行实时采集。

4.4　三水合醋酸钠复合相变储能材料热物性测试结果与分析

4.4.1　三水合醋酸钠复合相变储能材料的微观形貌

膨润土、三水合醋酸钠/膨润土复合相变储能材料的微观形貌如图 4-5 所示。

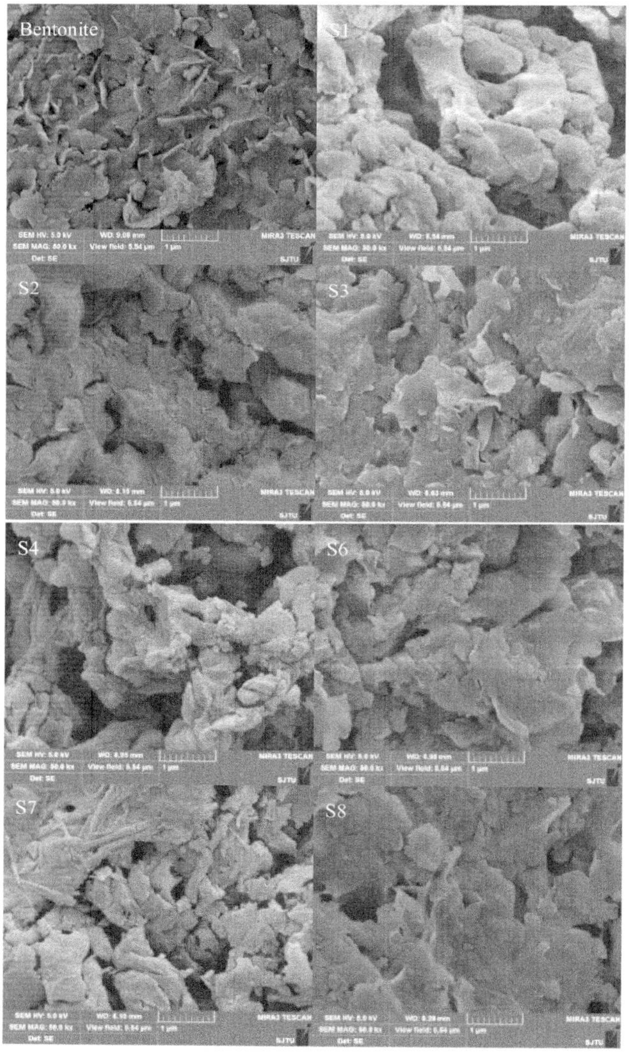

图 4-5　膨润土、三水合醋酸钠/膨润土复合相变储能材料的 SEM 图

从图中可以看出膨润土具有丰富的孔隙结构。从三水合醋酸钠/膨润土复合相变储能材料的微观形貌中可以发现，三水合醋酸钠和膨润土混合较为充分，当膨润土的质量分数较大时，三水合醋酸钠主要存在于膨润土的孔隙中。随着膨润土的质量分数降低，越来越多的三水合醋酸钠附着于膨润土的表面上形成块状结构。

三水合醋酸钠/膨润土/碳化硅复合相变储能材料的微观形貌如图 4-6 所示。从图中可明显看出，圆形颗粒为碳化硅颗粒，均匀地分布在复合相变材料中。并且碳化硅的数量随着添加含量的增大明显增多。

图 4-6　三水合醋酸钠/膨润土/碳化硅复合相变储能材料的 SEM 图

4.4.2　三水合醋酸钠复合相变储能材料的 FTIR 分析

采用 FTIR 对三水合醋酸钠、膨润土及三水合醋酸钠/膨润土复合相变储能材料的官能团进行测试，测试结果图 4-7 所示。从图中可以看出，1 572 cm^{-1}、1 415 cm^{-1}、1 019 cm^{-1}、810 cm^{-1}、647 cm^{-1}处的吸收峰为三水合醋酸钠的特征峰，1 642 cm^{-1}、1 035 cm^{-1}、521 cm^{-1}、465 cm^{-1}处的吸收峰为膨润土的特征峰。从三水合醋酸钠/膨润土复合相变材料的红外光谱图中可以看出，在 1 572 cm^{-1}、1 415 cm^{-1}、1 019 cm^{-1}、809 cm^{-1}、647 cm^{-1}、1 642 cm^{-1}、1 035 cm^{-1}、521 cm^{-1}、466 cm^{-1}处均有吸收峰，这些峰包含了三水合醋酸钠和膨润土的特征峰，说明制备的三水合醋酸钠/膨润土复合相变储能材料中含有三水合醋酸钠和膨润土。

三水合醋酸钠/膨润土/碳化硅复合相变储能材料红外光谱图如图 4-8 所示，在 1 572 cm^{-1}、1 415 cm^{-1}、1 019 cm^{-1}、976 cm^{-1}、521 cm^{-1}等处复合相变储能材料与三水合醋酸钠、膨润土及碳化硅出现相同的吸收峰，这说明所制备的三水合醋酸钠/膨润土/碳化硅复合材料含有三水合醋酸钠、膨润土和碳化硅。

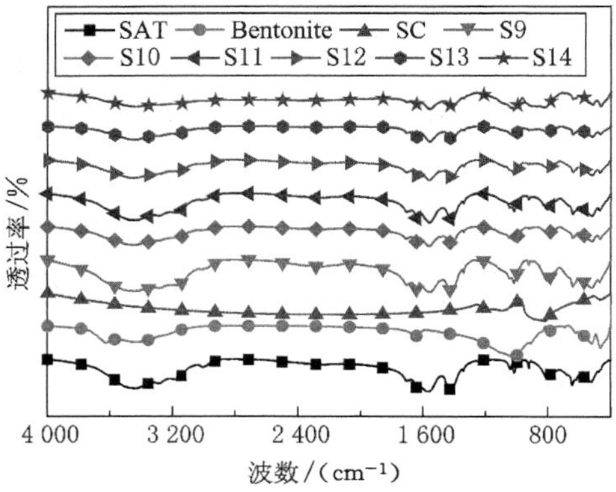

图 4-7　三水合醋酸钠、膨润土及三水合醋酸钠/膨润土复合相变储能材料红外光谱图

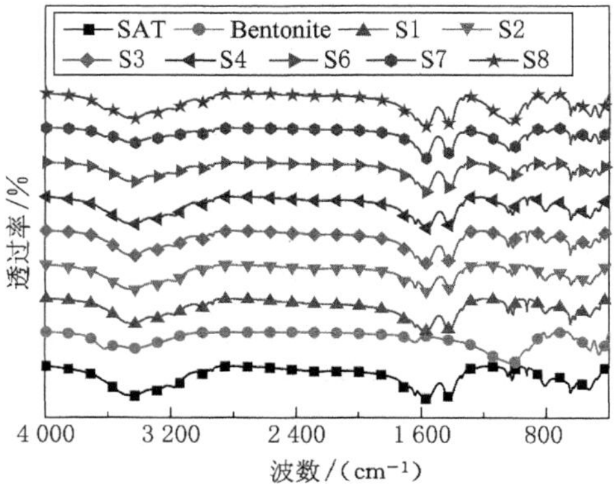

图 4-8　三水合醋酸钠/膨润土/碳化硅复合相变储能材料红外光谱图

4.4.3　三水合醋酸钠复合相变储能材料的泄漏特性

三水合醋酸钠、三水合醋酸钠/膨润土复合相变储能材料热成像图如图 4-9 所示。从红外热成像图中可明显看出三水合醋酸钠、S1、S2 和 S3 在加热过程中均出现了严重的泄漏现象。S4 在 30 min 时并未发生泄漏现象，当在 60 min 时泄漏现象出现，但泄漏量较少。复合相变储能材料 S1、S2、S3 和 S4 随着膨润土含量的增加，复合相变储能材料出现泄漏的时间逐渐延长，并且泄漏的量也越来越少。复合相变储能材料 S5、S6、S7 和 S8 在加热过程中均保持原来形态，并未发生泄漏现象。这是由于膨润土具有孔隙结构，对三水合醋酸钠具有一定的吸附能力，随着膨润土含量的增加，可吸附的相变材料量越来越多，复合相变储能材料泄漏的量也越来越少。当膨润土的含量不低于 26%时，复合相变储能材料不再发生泄漏。因此，在制备三水合醋酸钠/膨润土/碳化硅复合相变储能材料时，膨润土的添加含量定为 26%。

4.4.4　三水合醋酸钠复合相变储能材料过冷特性

三水合醋酸钠和三水合醋酸钠/膨润土复合相变储能材料过冷曲线如图 4-10所示。从图中可以看出，三水合醋酸钠的过冷度较大，可达 33.18 ℃，这在很大程度上制约了相变储能材料的在储能领域的应用。三水合醋酸钠/膨润土复合相变储能材料中，膨润土的质量分数为 1%时，复合相变储能材料的过冷度降为 13.34 ℃。随着膨润土质量分数的增加，复合相变储能材料的过冷度会减小。当膨润土质量分数为 40%时，复合相变储能材料的过冷度最小为5.69 ℃。而当膨润土的质量分数进一步增加时，复合相变储能材料的过冷度反而增加，当

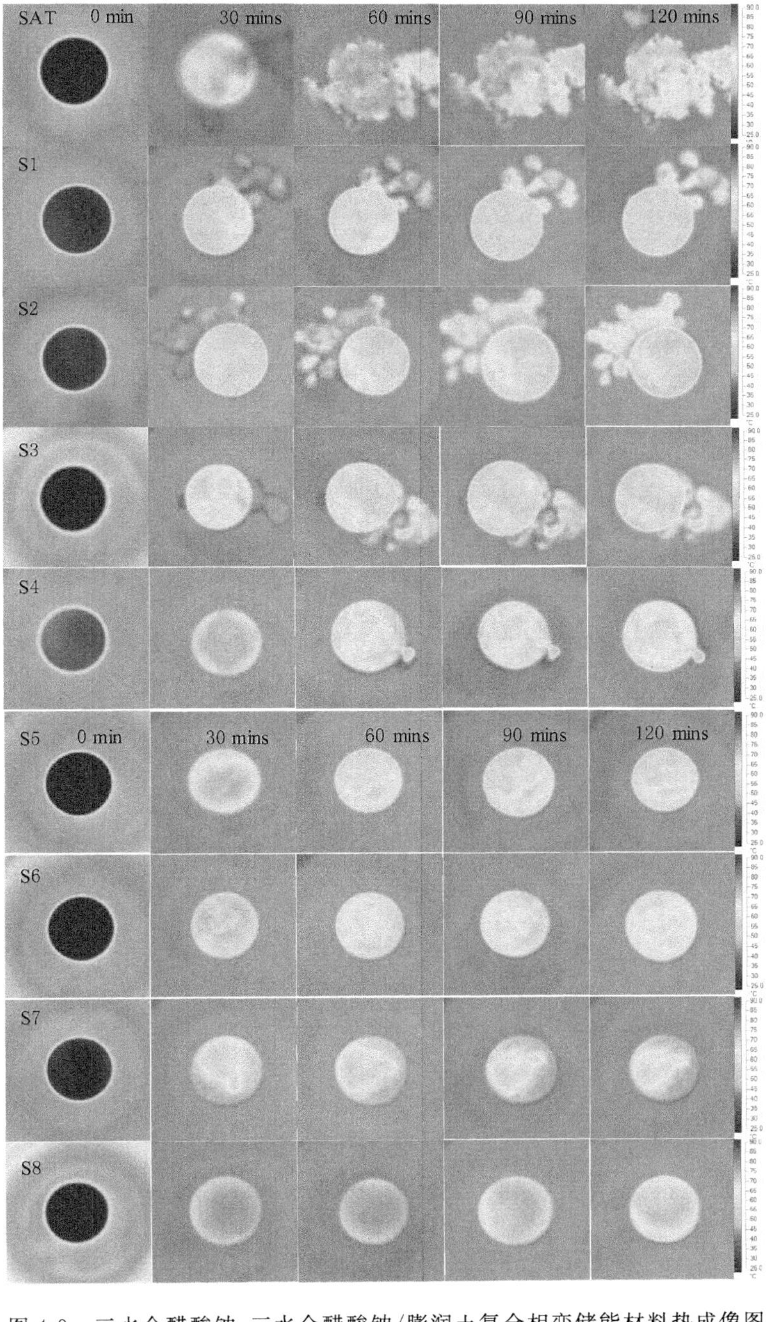

图 4-9　三水合醋酸钠、三水合醋酸钠/膨润土复合相变储能材料热成像图

膨润土的质量分数为 50%时,复合相变储能材料的过冷度增加到 22.60 ℃。结果表明,复合相变储能材料的过冷度随着膨润土质量分数的增加呈现出先减小后增加的趋势。相较于三水合醋酸钠纯材料,三水合醋酸钠/膨润土复合相变储能材料的过冷度总体有一定幅度减小,但过冷度仍然未完全消除。

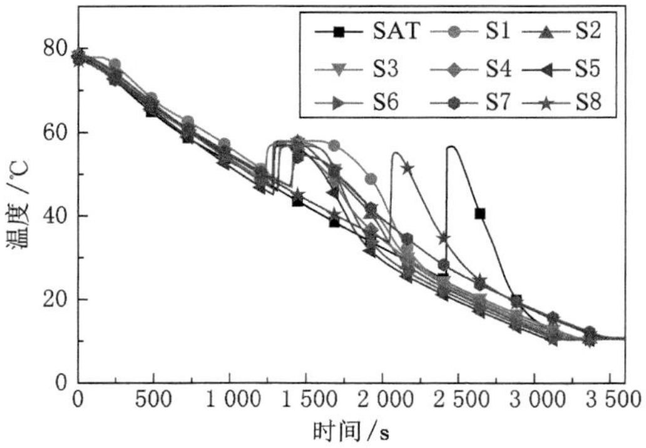

图 4-10　三水合醋酸钠和三水合醋酸钠/膨润土复合相变储能材料过冷曲线

三水合醋酸钠/膨润土/碳化硅复合相变储能材料的过冷曲线如图 4-11 所示。从图中可以看出,当复合相变储能材料中的碳化硅质量分数为 0.5%时,其过冷度已经减小至 2.79 ℃。当碳化硅添加剂质量分数不断增加时,三水合醋酸钠/膨润土/碳化硅复合相变储能材料的过冷度继续下降。当碳化硅的质量分数为 10%时,复合相变储能材料的过冷度减小为 0 ℃。相较于三水合醋酸钠的过冷度,三水合醋酸钠/膨润土/碳化硅复合相变储能材料过冷度大幅度减小。结果表明,添加碳化硅可以显著改善三水合醋酸钠的过冷度,并且在

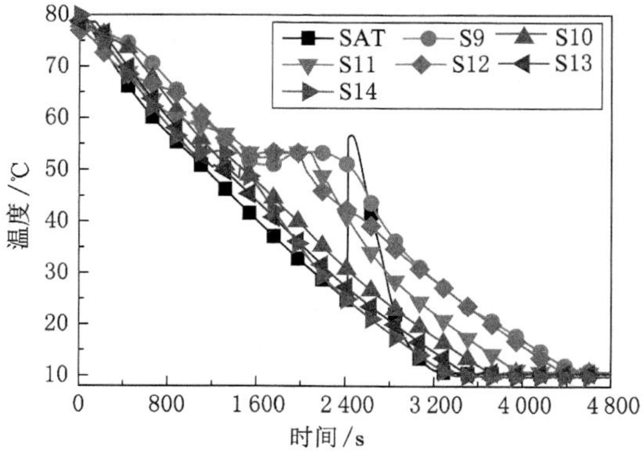

图 4-11　三水合醋酸钠/膨润土/碳化硅复合相变储能材料过冷曲线

一定范围内，随着碳化硅质量分数的增加，三水合醋酸钠/钙基膨润土/碳化硅复合材料的过冷度改善效果也变大。当碳化硅质量分数为 10%时，三水合醋酸钠/膨润土/碳化硅复合相变储能材料几乎没有过冷现象。

4.4.5　三水合醋酸钠复合相变储能材料的相变特性

三水合醋酸钠和三水合醋酸钠/膨润土复合相变储能材料的测试结果如表 4-5 所示，DSC 曲线如图 4-12 所示。三水合醋酸钠的相变温度和相变潜热分别为 58.73 ℃和 266.61 kJ・kg^{-1}。三水合醋酸钠/膨润土复合材料的起始相变温度随着膨润土质量分数的增加而稍有降低，但降低的程度不超过 2 ℃。复合相变储能材料的相变峰值温度随着膨润土的质量分数增加而先增后减，但变化的程度不超过 1.5 ℃。因此可以说明添加膨润土对复合材料的固-液相变起始温度和相变峰值温度影响程度较低。此外，可明显看出三水合醋酸钠/膨润土复合相变材料的相变潜热随着膨润土含量的增加而减小。这是由于在测试温度范围内仅有三水合醋酸钠存在相变潜热，而膨润土没有相变潜热，随着膨润土含量的增加，三水合醋酸钠的占比随之降低，因此复合相变储能材料的相变潜热也不断减少。

表 4-5　三水合醋酸钠及其复合相变储能材料的相变温度和相变潜热

样品	相变温度/℃	相变峰值温度/℃	相变潜热/(kJ・kg^{-1})
SAT	58.73	60.13	266.61
S1	58.5	60.27	253.5
S2	58.25	60.36	257.16
S3	58.19	61.03	239.37
S4	58.02	60.21	210.45
S5	57.66	60.52	198.46
S6	57.95	60.11	187.13
S7	57.24	59.3	148.71
S8	57.08	58.60	131.5
S9	57.59	59.51	198.94
S10	57.61	60.19	195.58
S11	56.51	59.17	196.91
S12	56.97	58.78	189.81
S13	57.41	58.71	171.9
S14	57.11	60.24	153.34

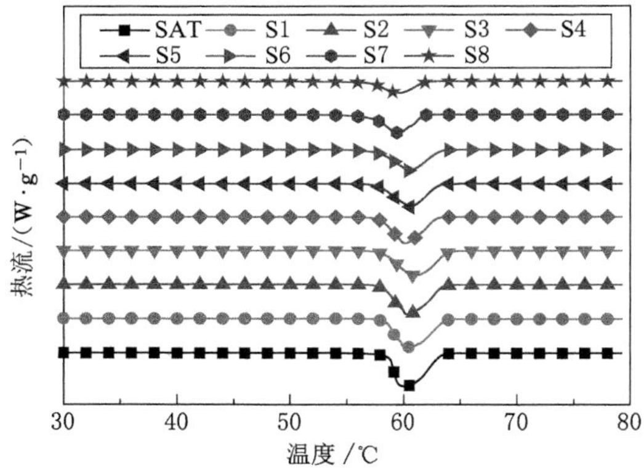

图 4-12　三水合醋酸钠和三水合醋酸钠/膨润土复合相变储能材料的 DSC 曲线

三水合醋酸钠/膨润土复合相变储能材料的 DSC 曲线如图 4-13 所示，测试结果如表 4-5 所示。三水合醋酸钠/膨润土/碳化硅复合相变储能材料的起始相变温度和峰值温度呈先升后降再升的趋势，但两者的变化程度均不超过 2.5 ℃，这说明添加碳化硅对复合相变储能材料的起始相变温度和相变峰值温度的影响较小。三水合醋酸钠/膨润土/碳化硅复合相变储能材料的相变潜热也随碳化硅含量的增加而呈减小的趋势。

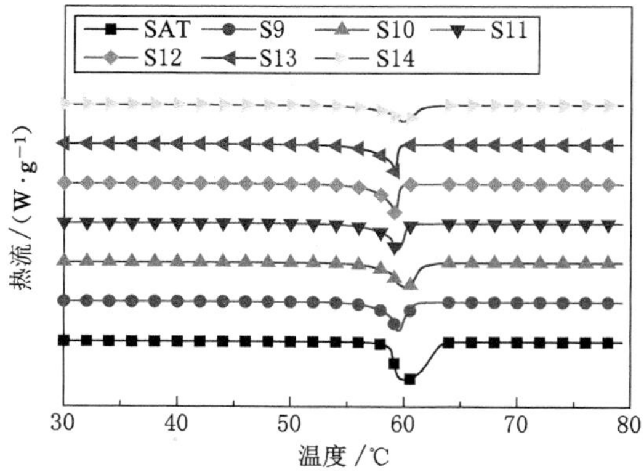

图 4-13　三水合醋酸钠/膨润土/碳化硅复合相变储能材料的 DSC 曲线

4.4.6　三水合醋酸钠复合相变储能材料的导热性能

采用导热系数测试仪对三水合醋酸钠及其复合相变储能材料在 20 ℃、25 ℃、30 ℃、35 ℃及 40 ℃下的导热系数进行了测试。图 4-14 为三水合醋酸钠及三水合醋酸钠/膨润土复合相变储能材料的导热系数测试结果。三水合醋酸钠及三水合醋酸钠/膨润土复合相变储能材料的导热系数均随着温度的增加而降低。并且在相同温度下，随着膨润土含量的增加，三水合醋酸钠/膨润土复合相变储能材料的导热系数随之降低。

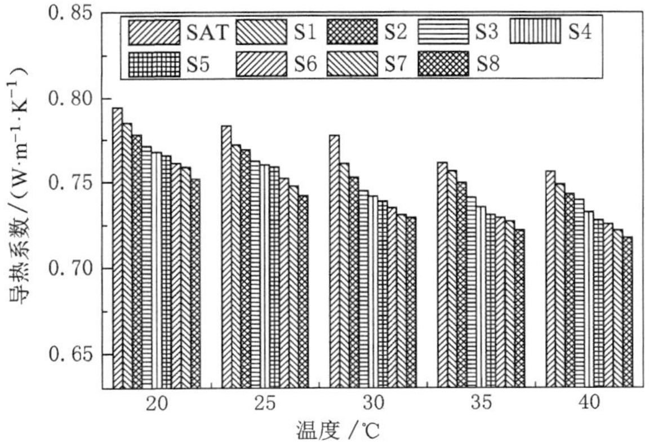

图 4-14　三水合醋酸钠及三水合醋酸钠/膨润土复合相变储能材料的导热系数

三水合醋酸钠/膨润土/碳化硅复合相变储能材料的导热系数的测试结果如图 4-15 所示。在图中可以看出，在三水合醋酸钠/膨润土复合相变储能材料中加入少量碳化硅后，导热系数降低。但随着碳化硅添加含量的增加复合相变储能材料的导热系数出现增加的趋势，并且碳化硅的质量分数越大，复合相变储能材料的导热系数越大。结果表明，碳化硅对复合相变材料的导热性能具有一定的强化作用。

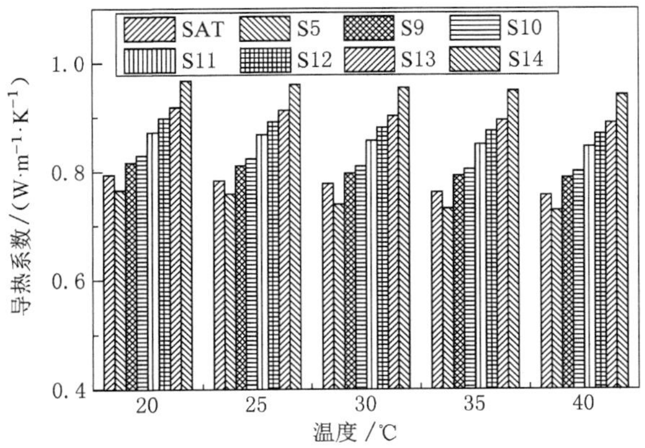

图 4-15　三水合醋酸钠/膨润土/碳化硅复合相变储能材料的导热系数

4.4.7 三水合醋酸钠复合相变储能材料循环热稳定性

相变储能材料的循环热稳定性对其在热能储存领域中的应用具有重要的影响。图 4-16 为三水合醋酸钠、S5 和 S13 经过 25 次、50 次、75 次和 100 次热循环后的 DSC 曲线。

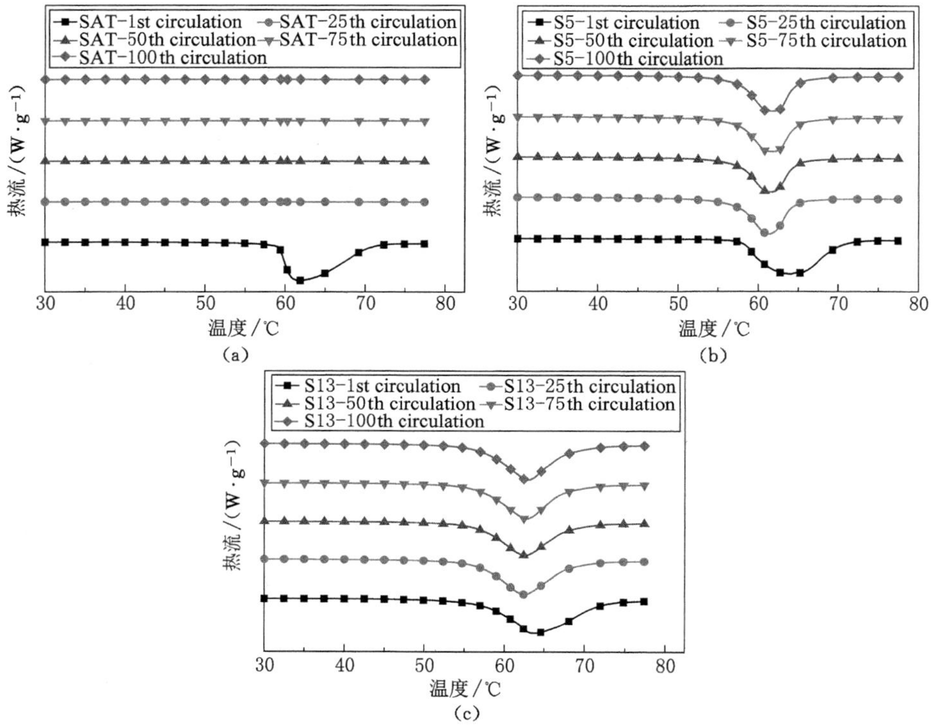

图 4-16 三水合醋酸钠及其复合相变储能材料的 DSC 循环曲线

(a) SAT;(b) S5;(c) S13

从测试结果中可以看出，当三水合醋酸钠历经第 1 次循环之后，从第 2 次循环开始加热过程中的相变潜热为 0，即已失去储能能力，这说明三水合醋酸钠的循环热稳定性较差。在 S5 的热循环测试中，第 25、50、75、100 次循环与第 1 次循环的熔化放热过程曲线相比相变潜热有所降低。这说明从第 2 次循环开始，复合相变材料 S5 的储热能力有所损失，并且随着循环次数的增加，储热能力损失越大。当循环次数达到 100 次时，样品 S5 的储热能力损失将近 10%。与三水合醋酸钠纯材料相比，复合相变储热材料 S5 的循环热稳定性已经大幅度提高，说明膨润土可以较大程度地改善三水合醋酸钠的循环热稳定性。复合相变储能材料 S13 的第 25、50、75、100 次熔化放热过程曲线与第 1 次的曲线有小幅度的峰衰减，并且当循环持续进行时，复合相变储能材料 S13 的储热能力的降低程度不断上升。复合相变储能材料 S13 的循环次数达到 100 次时，储热能力损失将近 5%。研究结果表明，添加碳化硅不仅可以明显改善三水合醋酸钠的过冷现象，而且在很大程度上改善了三水合醋酸钠的循环热稳定性。

4.4.8　三水合醋酸钠复合相变储能材料储热/释热特性

三水合醋酸钠及其复合相变储能材料的储热/释热特性通过储热系统进行了测试。SAT、S5 和 S13 的储热/释热过程温度曲线如图 4-17 所示。从图中可以明显看出，三水合醋酸钠和三水合醋酸钠/膨润土在放热过程中出现了明显的过冷现象，但是在三水合醋酸钠/膨润土/碳化硅复合相变材料中并未出现过冷现象。进一步说明了碳化硅明显改善了三水合醋酸钠的过冷问题。

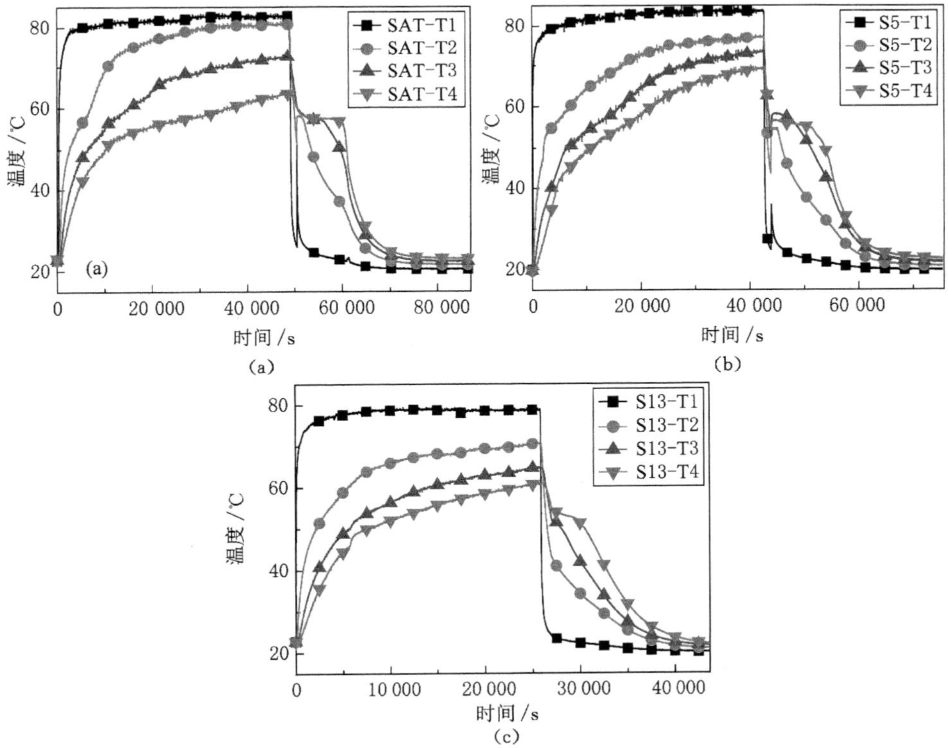

图 4-17　三水合醋酸钠及其复合相变储能材料储/释热过程温度曲线

(a) SAT；(b) S5；(c) S13

三水合醋酸钠、S5 和 S13 的储热/释热过程的平均温度曲线如图 4-18 所示。在储热过程中，三水合醋酸钠、S5 和 S13 从 35 ℃升温至 65 ℃所消耗的时间分别为 10 260 s、13 407 s 和 7 650 s。S5 与三水合醋酸钠相比储热时间缩短了 25.44%。在释热过程中，SAT、S5 和 S13 从 65 ℃降温至 35 ℃所消耗的时间分别为 50 526 s、40 740 s 和 10 863 s。S5 与三水合醋酸钠相比释热时间缩短了 78.5%。研究结果表明，由于碳化硅的添加，复合相变储能材料的传热性能明显提升。

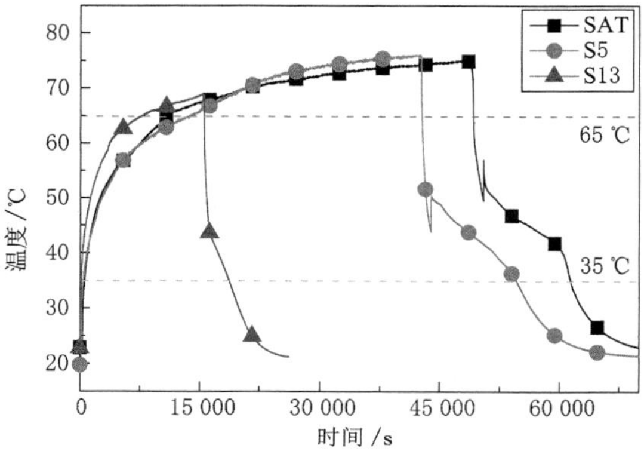

图 4-18　三水合醋酸钠及其复合相变储能材料储热/释热过程平均温度曲线

4.5　本章小结

三水合醋酸钠作为一种有潜力的相变储能介质，具有相变潜热大、相变过程温度恒定等优点，但过冷度大、容易发生泄漏、热稳定性差等缺点限制了其在储能领域的应用。本章针对三水合醋酸钠过冷度大、容易发生泄漏、热稳定性差等缺点，向三水合醋酸钠中添加膨润土和碳化硅制备成复合相变储能材料改善上述缺陷，并对复合相变储能材料的热物性进行了研究。具体研究结论如下：

(1) 以三水合醋酸钠为相变储能材料，膨润土及碳化硅为添加材料，采用熔融共混法，制备了三水合醋酸钠/膨润土和三水合醋酸钠/膨润土/碳化硅复合相变储能材料。当膨润土的质量分数大于 26%时，复合相变储能材料未出现泄漏情况。当膨润土的质量分数从 1%到 50%增加时，三水合醋酸钠/膨润土复合相变储能材料的过冷度呈现出先减小再增大的趋势，但过冷度仍然存在。当碳化硅的质量分数为 10%时，三水合醋酸钠/膨润土/碳化硅复合相变储能材料几乎没有过冷现象。

(2) 对三水合醋酸钠及其复合相变储能材料的导热系数测试结果表明，随着膨润土的质量分数从 1%到 50%变化，三水合醋酸钠/膨润土复合相变储能材料的导热系数随着膨润土添加含量的增加而降低。对三水合醋酸钠/膨润土/碳化硅复合相变储能材料的导热系数随着碳化硅含量的增加呈现出先降低后增加的趋势。

(3) 通过储热/释热实验发现，膨润土对三水合醋酸钠的传热性能几乎没有提高，没有明显减少相变储能材料的储热/释热时间。而碳化硅对三水合醋酸钠的传热性能有较大程度的提高，明显缩短了相变储能材料的储热/释热过程，提高了储热效率。

第5章 相变微胶囊/高导热材料复合储能材料及其热性能

5.1 引 言

相变微胶囊封装技术尽管解决了相变储能材料熔化后的泄漏问题，但其导热系数仍然偏低，制约着相变微胶囊储能材料在热能存储中的传热效率。因此，提高相变微胶囊的导热性能是提高其热能存储效率的有效手段，而目前针对相变微胶囊强化传热方面的研究却鲜有报道，因此本章通过向相变微胶囊中添加高导热材料的方法对其进行强化传热。目前常用于强化传热的材料主要有高导热碳材料、金属粒子、泡沫金属等[36, 37]。本章选择导热性能较好的膨胀石墨、石墨烯和纳米铜作为高导热材料对相变微胶囊传热强化，并进行对比分析。

膨胀石墨是由天然鳞片石墨经过插层膨化制备而成，从微观结构上看膨胀石墨呈蠕虫状结构，由大量的微胞相互连接组成。而每个微胞内又有很多细小的孔隙组成，从而形成了丰富的孔隙结构。因此膨胀石墨具有质轻、多孔、吸附性好、比表面积大、导热性能优良等优点[38, 39]。

石墨烯是一种单原子层厚度的蜂窝状平面薄膜，由英国曼彻斯特大学的Novoselov和Geim于2004年采用机械剥离的方法首次制备出。无论是单层石墨烯还是多层石墨烯均具有良好的强度、柔韧度和热导率，因此也常用于相变储能材料的强化传热中[40, 41]。

目前常用于相变材料强化传热的金属粒子主要有金属铜、铝、氧化铜、氧化铝、二氧化硅和二氧化钛等，而在这些金属材料中，以金属铜导热性能最佳，尤其是纳米铜具有更大的比表面积，可明显增大铜粒子与相变材料之间的有效接触面积，从而强化相变材料的导热性能[42, 43]。

因此，本章采用石蜡/密胺树脂作为相变微胶囊储能材料，采用多层石墨烯

(MGN)、膨胀石墨(EG)和纳米铜粒子(Nanocopper)作为高导热材料，将高导热材料添加至相变微胶囊中，并通过物理混合法制备出相变微胶囊复合储能材料。并通过差示扫描量热仪、导热系数测试仪和储热/释热测试实验平台对复合相变储能材料的相变温度、相变潜热、导热系数以及储热/释热特性进行测试，研究高导热材料种类、质量分数对相变微胶囊复合储能材料热物性以及储热/释热特性的影响规律。

5.2　相变微胶囊复合储能材料的制备

5.2.1　实验药品与试剂

本章相变微胶囊复合储能材料所使用的主要原材料如表 5-1 所示。

表 5-1　　制备相变微胶囊复合储能材料的主要原料及规格

原料及试剂	英文缩写	规格	生产厂家
石蜡/密胺树脂相变微胶囊	MicroEPCM	—	常州美胜生物有限公司
纳米铜	—	纯度＞99.99% 10—30 nm	阿拉丁试剂
多层石墨烯	MGN	纯度＞99.5% 厚度＜5 nm	南京先丰纳米材料科技有限公司
膨胀石墨	EG	纯度＞99.9%	青岛百兴石墨有限公司

5.2.2　实验仪器与设备

本章石蜡/密胺树脂相变微胶囊与高导热材料复合相变储能材料的制备及性能测试所使用的主要仪器及设备如表 5-2 所示。

表 5-2　用于相变微胶囊复合储能材料的制备和性能测试的主要仪器及生产厂家

仪器名称	型号	生产厂家
数显磁力搅拌器	MS-H280-PRO	大龙兴创实验仪器(北京)有限公司
数显电子恒温水浴锅	HH-2	常州国华电器有限公司
干燥箱	DHG-9076A	上海精宏实验设备有限公司
电子天平	FA2004	上海舜宇恒平科学仪器有限公司
实验室超净水机	RO-20	南京前沿仪器设备有限公司
扫描电子显微镜(SEM)	Quanta 250	美国 FEI 公司

续表 5-2

仪器名称	型号	生产厂家
导热系数测试仪	DRL-Ⅲ	湘潭市仪器仪表有限公司
激光粒度分布仪(LPS)	BT-9300H	丹东百特仪器有限公司
数据采集器	34970A	安捷伦科技有限公司
差示扫描量热仪(DSC)	DSC-100	南京大展机电技术研究所

5.2.3 相变微胶囊复合材料的制备过程

膨胀石墨、多层石墨烯和纳米铜分别与石蜡/密胺树脂相变微胶囊通过干式混合法进行相变微胶囊复合材料的制备。在制备相变微胶囊复合材料之前，首先采用微波膨化法将可膨胀石墨在微波炉内经过微波(膨化功率为 800 W，膨化时间 1 min)膨化成多孔蠕虫状的膨胀石墨。然后将质量分数分别为 0.1%、0.5%、1.0%、1.5%、2.5%的膨胀石墨、石墨烯和纳米铜各自与石蜡/密胺树脂相变微胶囊进行混合。并采用磁力搅拌器在 400 r · min^{-1}下持续搅拌 30 min，使高导热材料在相变微胶囊中尽可能地均匀分布，从而制备出不同高导热材料质量分数下的 MicroEPCM/膨胀石墨、MicroEPCM/多层石墨烯和 MicroEPCM/纳米铜复合相变储能材料。

5.3 相变微胶囊复合储能材料的性能表征

5.3.1 粒径分布

采用 BT-9300H 型激光粒度分布仪对石蜡/密胺树脂相变微胶囊的粒径分布进行测试，在粒径测试之前先将石蜡/密胺树脂相变微胶囊通过超声与磁力搅拌均匀分散至去离子水中，然后将混合液倒入激光粒度分布仪的测试容器中进行粒径分布的测试。

5.3.2 微观形貌表征

采用 Quanta 250 型 SEM 观察石蜡/密胺树脂相变微胶囊复合储能材料的微观形貌。用导电双面胶分别将 MicroEPCM/膨胀石墨、MicroEPCM/多层石墨烯和 MicroEPCM/纳米铜复合相变储能材料黏附到样品盘上，并在复合储能材料的表面进行喷金，以便进行微观形貌的观察。

5.3.3 导热系数测试

采用 DRL-Ⅲ型导热系数测试仪对石蜡/密胺树脂相变微胶囊与复合相变储能材料的导热系数进行测试。在对样品进行测试之前首先通过标准样对导热系数测试仪进行校准，保证导热系数测试的准确性。测试样品为直径 30 mm，厚约 5 mm 的圆片。样品测试的温度为 20 ℃、25 ℃、30 ℃、35 ℃和 40 ℃。每个样品重复测试三次取其平均值。该导热系数测试仪的精度优于±3%。

5.3.4　相变特性测试

采用 DSC-100 型 DSC 对石蜡/密胺树脂相变微胶囊和复合相变储能材料的相变温度和相变潜热进行测试。测试温度范围为 30～80 ℃，升温速率为 10 ℃·min^{-1}，样品重量为 10～20 mg，且用氮气氛围保护。在 DSC 测试之前先将石蜡/密胺树脂相变微胶囊和复合相变储能材料在恒温干燥箱中以 40 ℃干燥 18 h，去除样品中的水分。该差示扫描量热仪的热流测试精度为±0.1 μW。

5.3.5　储热/释热特性测试

储热/释热特性是相变储能材料在热能存储中一项非常重要的性能。因此，通过搭建储能测试实验平台对石蜡/密胺树脂相变微胶囊和复合相变储能材料的储热/释热特性进行测试。该储能测试实验平台系统如图 5-1 所示。

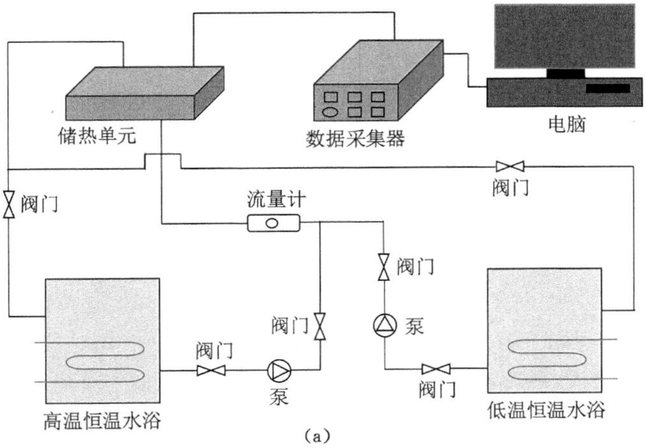

(a)

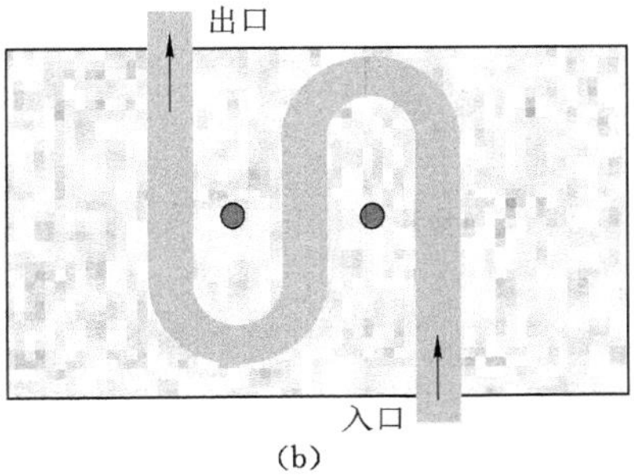

(b)

图 5-1　储能材料储热/释热实验系统图[35,44]

该系统主要包括恒温水浴锅、低温恒温水槽、离心泵、数据采集器、K 型热电偶、流量计、阀门、铜管和储热模块等部件组成。其中储热模块是该实验系统中重要的组成部分，该模块是由蛇形换热铜管（内径为 3 mm，厚度为 2 mm，总长为 120 mm）、储热壳体（材质为亚克力板，厚度为 4 mm，内部尺寸为 70 mm×30 mm×20 mm）、相变储能材料、绝热棉（用于壳体的绝热，其厚度为 5 mm）等构成。在储热模块中填充 30 g 石蜡/密胺树脂相变微胶囊或复合相变材料，且采用 K 型热电偶对储热模块中的石蜡/密胺树脂相变微胶囊或复合材料的温度进行实时测量，热电偶的位置分布如图 5-1(b)所示。离心泵为载热流体（水）提供动力，使载热流体在系统中不断循环，持续与储热模块进行热量交换。流量计和阀门用来控制循环载热流体流量的大小。恒温水浴锅和低温恒温水槽为该系统提供恒定温度的高温和低温载热流体。数据采集器用来采集储热模块中相变储能材料在不同时刻下的温度。

在石蜡/密胺树脂相变微胶囊和复合相变储能材料的储热过程中，将恒温水浴锅中的载热流体在离心泵的带动下进行循环，并通过调整离心泵的功率和阀门开度来调节载热流体的流量，该实验中分别采用流量为 30 mL·min^{-1}、50 mL·min^{-1}、70 mL·min^{-1}、90 mL·min^{-1}和 110 mL·min^{-1}的载热流体来对储热模块进行加热，在加热过程中载热流体的温度始终保持在 55 ℃左右，当储热模块中储热材料的温度趋于平衡时储热实验结束。当储热实验结束后，开始石蜡/密胺树脂相变微胶囊和复合相变材料的释热实验，首先用离心泵将低温恒温槽中的载热流体输入到循环系统中，来进行石蜡/密胺树脂相变微胶囊和复合相变材料的释热实验。当进行释热实验时，实验过程与储热过程保持一致，也分别采用流量为 30 mL·min^{-1}、50 mL·min^{-1}、70 mL·min^{-1}、90 mL·min^{-1}和 110 mL·min^{-1}的载热流体来对储热模块进行冷却，此时载热流体的温度始终保持在 15 ℃左右，当储热模块中储能材料趋于稳定时，释热实验结束。在整个储热/释热实验过程中，通过热电偶、数据采集器和计算机对储热模块中的储能材料的温度进行实时采集。

5.4 相变微胶囊及其复合储能材料测试结果与分析

5.4.1 相变微胶囊及其复合相变储能材料的微观形貌

石蜡/密胺树脂相变微胶囊的微观形貌如图 5-2 所示。从图中可以看出，相变微胶囊的形状呈规则的球状结构，且表面光滑紧凑。但是微胶囊的粒径分布大小不一，其粒径分布图如图 5-3 所示。粒径分布测试结果显示相变微胶囊的粒径范围为 0.402～32.41 μm。

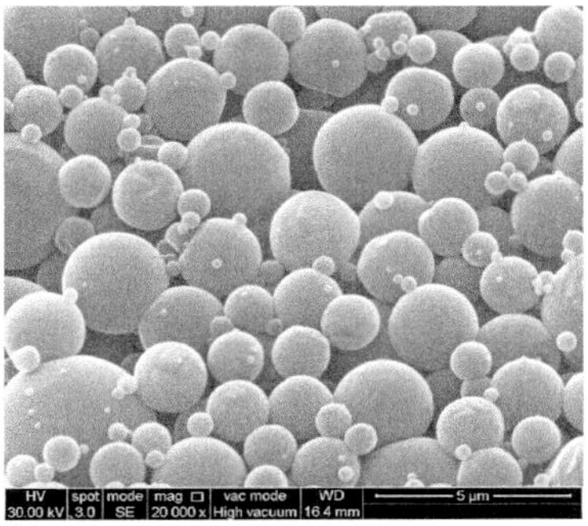

图 5-2　石蜡/密胺树脂相变微胶囊的 SEM 图

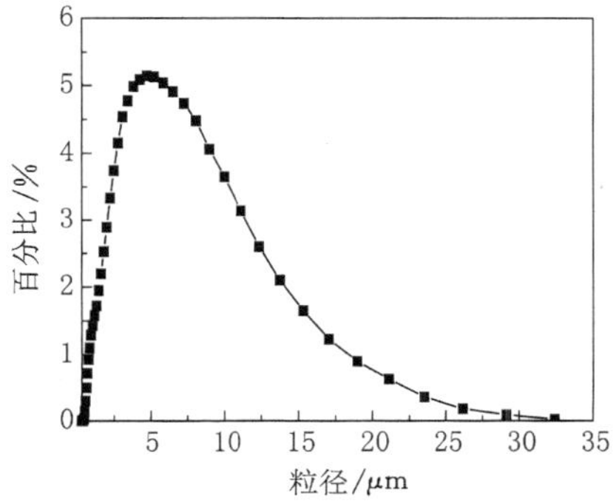

图 5-3　石蜡/密胺树脂相变微胶囊的粒径分布图

MicroEPCM/多层石墨烯、MicroEPCM/纳米铜和 MicroEPCM/膨胀石墨的复合相变储能材料的微观形貌如图 5-4 所示。从图中可以看出，MicroEPCM/多层石墨烯复合储能材料中石墨烯贴附在石蜡/密胺树脂相变微胶囊的

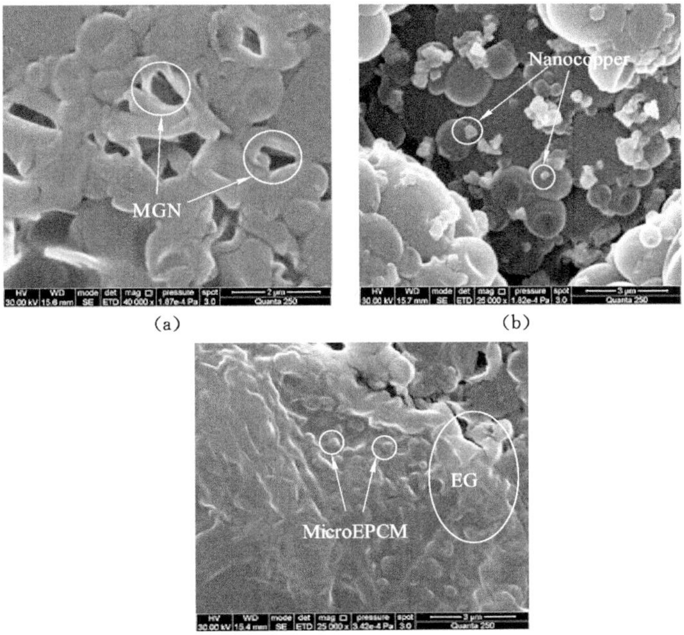

(a)　(b)　(c)

图 5-4　复合相变储能材料扫描电镜图

(a) MicroEPCM/多层石墨烯；(b) MicroEPCM/纳米铜；(c) MicroEPCM/膨胀石墨[35, 44]

表面,但并非每个石蜡/密胺树脂相变微胶囊上都黏附有多层石墨烯,多层石墨烯而是不连续地分布在石蜡/密胺树脂相变微胶囊体系中。在 MicroEPCM/纳米铜复合储能材料中,纳米铜黏附于相变微将囊的表面,且每个相变微胶囊上均黏附多个纳米铜粒子。在 MicroEPCM/纳米铜复合相变储能材料体系中,纳米铜粒子均匀分布在石蜡/密胺树脂相变微胶囊之间,可有助于提高单个相变微胶囊之间的热量传递速率。在 MicroEPCM/膨胀石墨复合相变储能材料中,膨胀石墨片层将许多相变微胶囊覆盖,这样可有效地增加单个微胶囊之间传热面积,进而提高 MicroEPCM/膨胀石墨复合相变储能材料储能体系的传热速率。

5.4.2 相变微胶囊及其复合相变储能材料的导热系数测试

石蜡/密胺树脂相变微胶囊、MicroEPCM/纳米铜、MicroEPCM/多层石墨烯和 MicroEPCM/膨胀石墨复合相变储能材料分别在 20 ℃、25 ℃、30 ℃、35 ℃和 40 ℃下的导热系数的测试结果如图 5-5 所示。

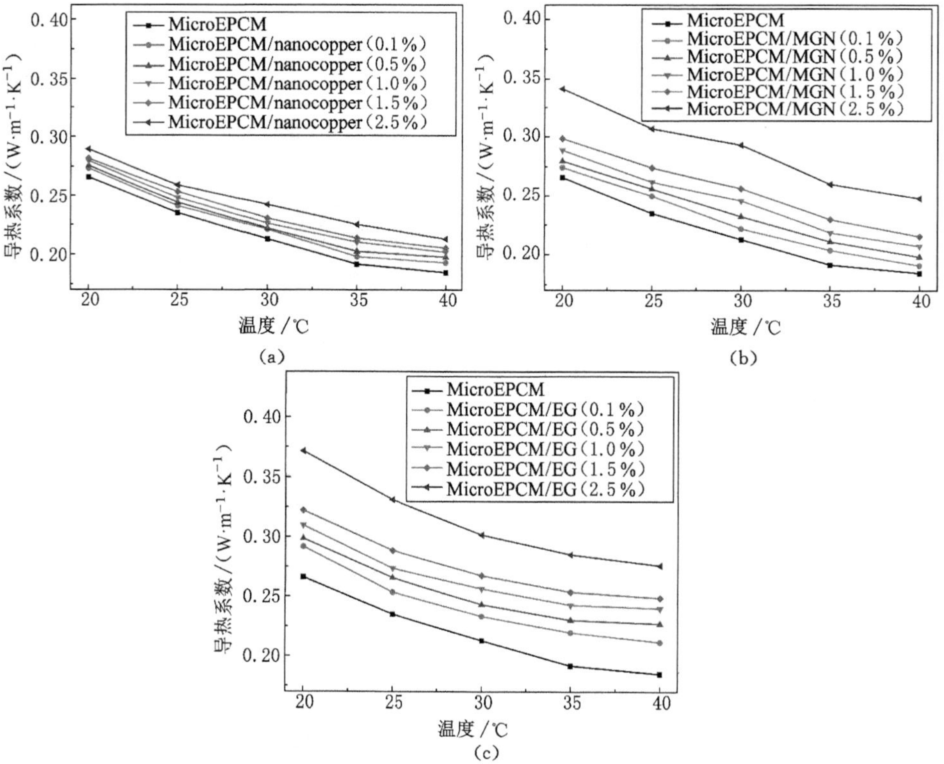

图 5-5 石蜡/密胺树脂相变微胶囊及其复合相变储能材料导热系数图

(a) MicroEPCM/纳米铜;(b) 多层石墨烯/MicroEPCM;(c) MicroEPCM/膨胀石墨

当测试温度为 20 ℃时，石蜡/密胺树脂相变微胶囊的导热系数为 0.266 W・m^{-1}・K^{-1}；MicroEPCM/纳米铜复合相变储能材料中纳米铜质量分数分别为 0.1%、0.5%、1.0%、1.5%、2.5%时，导热系数分别为 0.273 W・m^{-1}・K^{-1}、0.276 W・m^{-1}・K^{-1}、0.280 W・m^{-1}・K^{-1}、0.281 W・m^{-1}・K^{-1}、0.289 W・m^{-1}・K^{-1}，与石蜡/密胺树脂相变微胶囊相比导热系数分别提高了 2.74%、3.65%、5.11%、5.79%、8.72%；MicroEPCM/多层石墨烯复合相变储能材料中多层石墨烯质量分数分别为 0.1%、0.5%、1.0%、1.5%、2.5%时，导热系数分别为 0.274 W・m^{-1}・K^{-1}、0.280 W・m^{-1}・K^{-1}、0.289 W・m^{-1}・K^{-1}、0.298 W・m^{-1}・K^{-1}、0.341 W・m^{-1}・K^{-1}，与石蜡/密胺树脂相变微胶囊相比导热系数分别提高了 3.08%、5.07%、8.46%、12.18%、28.27%；MicroEPCM/膨胀石墨复合相变储能材料中膨胀石墨质量分数分别为 0.1%、0.5%、1.0%、1.5%、2.5%时，导热系数分别为 0.292 W・m^{-1}・K^{-1}、0.299 W・m^{-1}・K^{-1}、0.310 W・m^{-1}・K^{-1}、0.322 W・m^{-1}・K^{-1}、0.371 W・m^{-1}・K^{-1}，与石蜡/密胺树脂相变微胶囊相比导热系数分别提高了 9.59%、12.22%、16.35%、21.05%、39.62%。从测试结果中可明显看出，膨胀石墨对石蜡/密胺树脂相变微胶囊的导热系数提高效果明显高于纳米铜和石墨烯。这是由于膨胀石墨与纳米铜和石墨烯相比具有更高的比表面积，与石蜡/密胺树脂相变微胶囊的接触面积也比另外两种高导热材料更大，因此膨胀石墨对石蜡/密胺树脂相变微胶囊的强化传热效果要优于纳米铜和多层石墨烯。

除此之外，从导热系数的测试结果中可知，石蜡/密胺树脂相变微胶囊在 25 ℃、30 ℃、35 ℃和 40 ℃下的导热系数分别为 0.234 9 W・m^{-1}・K^{-1}、0.212 7 W・m^{-1}・K^{-1}、0.191 6 W・m^{-1}・K^{-1}和 0.184 7 W・m^{-1}・K^{-1}；当纳米铜的质量分数为 2.5%时，MicroEPCM/纳米铜复合相变储能材料在 25 ℃、30 ℃、35 ℃和 40 ℃下的导热系数分别为 0.259 W・m^{-1}・K^{-1}、0.242 1 W・m^{-1}・K^{-1}、0.225 1 W・m^{-1}・K^{-1}和 0.212 8 W・m^{-1}・K^{-1}；当多层石墨烯的质量分数为 2.5%时，MicroEPCM/多层石墨烯复合相变储能材料在 25 ℃、30 ℃、35 ℃和 40 ℃下的导热系数分别为 0.306 9 W・m^{-1}・K^{-1}、0.293 1 W・m^{-1}・K^{-1}、0.260 4 W・m^{-1}・K^{-1}和 0.248 2 W・m^{-1}・K^{-1}；当膨胀石墨的质量分数为 2.5%时，MicroEPCM/膨胀石墨复合相变储能材料在 25 ℃、30 ℃、35 ℃和 40 ℃下的导热系数分别为 0.331 W・m^{-1}・K^{-1}、0.301 4 W・m^{-1}・K^{-1}、0.284 9 W・m^{-1}・K^{-1}和 0.275 7 W・m^{-1}・K^{-1}。结果表明石蜡/密胺树脂相变微胶囊、MicroEPCM/纳米铜、MicroEPCM/多层石墨烯和 MicroEPCM/膨胀石墨复合相变储能材料的导热系数均随着温度的升高而降低。这是由于随着温度的升高，石蜡/密胺树脂相变微胶囊中的芯材石蜡由固态逐渐熔化成液态，而

液态下的导热系数要低于固态，因此石蜡/密胺树脂相变微胶囊与复合相变储能材料的导热系数会随着温度的升高而降低。从石蜡/密胺树脂相变微胶囊与复合相变储能材料的导热系数测试结果中可知，膨胀石墨、多层石墨烯和纳米铜的添加可有效提高石蜡/密胺树脂相变微胶囊的导热系数，当高导热材料质量分数相同时以膨胀石墨对石蜡/密胺树脂相变微胶囊的导热系数提升最大。

5.4.3 相变微胶囊及其复合相变储能材料的相变特性

石蜡/密胺树脂相变微胶囊、MicroEPCM/纳米铜、MicroEPCM/多层石墨烯和 MicroEPCM/膨胀石墨复合相变储能材料的 DSC 测试结果如图 5-5 所示，其相变温度、相变峰值温度与相变潜热的测试数据如表 5-3 所示。从测试结果中可知，石蜡/密胺树脂相变微胶囊的相变温度为 33.4 ℃，相变峰值温度为 39.8 ℃，相变潜热为 92.1871 $kJ \cdot kg^{-1}$。当纳米铜的质量分数分别为 1.0%和 2.5%时，MicroEPCM/纳米铜复合相变储能材料的相变温度分别为 33.5 ℃和 34.8 ℃，相变峰值温度分别为 39.3 ℃和 40.2 ℃，相变潜热分别为90.795 6 $kJ \cdot kg^{-1}$和 87.560 0 $kJ \cdot kg^{-1}$；当多层石墨烯的质量分数分别为 1.0%和2.5%

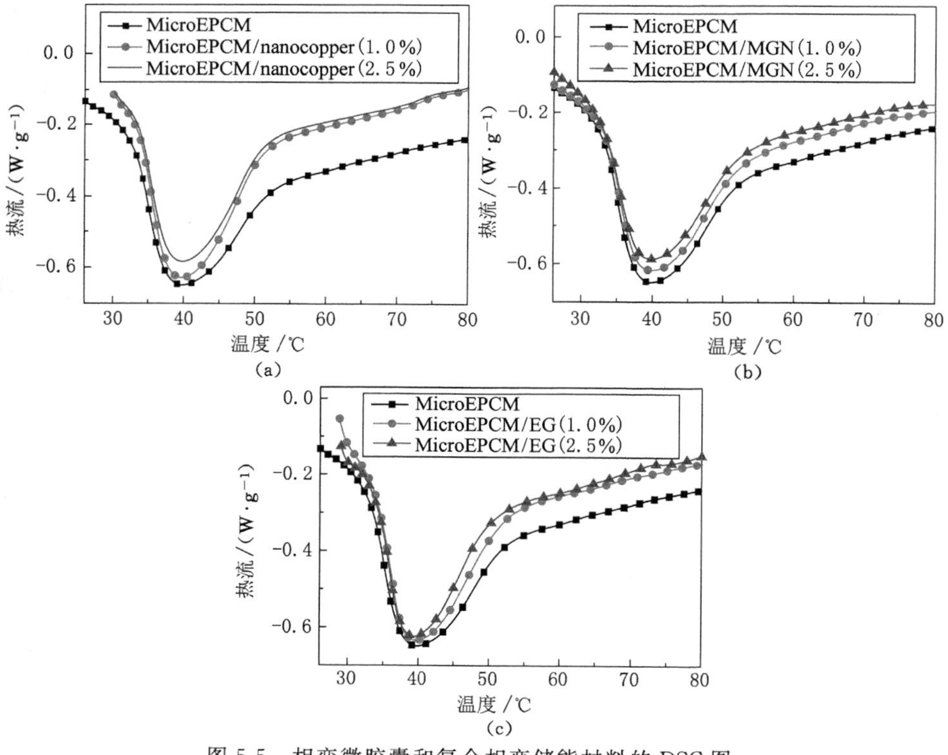

图 5-5 相变微胶囊和复合相变储能材料的 DSC 图

(a) MicroEPCM/纳米铜；(b) MicroEPCM/石墨烯；(c) MicroEPCM/膨胀石墨

时，MicroEPCM/多层石墨烯复合相变储能材料的相变温度分别为 33.7 ℃和 33.6 ℃，相变峰值温度分别为 39.6 ℃和 39.8 ℃，相变潜热分别为 90.452 8 kJ·kg^{-1}和 87.053 9 kJ·kg^{-1}；当膨胀石墨的质量分数分别为 1.0%和 2.5%时，MicroEPCM/膨胀石墨复合相变储能材料的相变温度分别为 34.1 ℃和 34.5 ℃，相变峰值温度分别为 39.4 ℃和 39.5 ℃，相变潜热分别为 90.613 0 kJ·kg^{-1}和 87.506 9 kJ·kg^{-1}。

表 5-3　相变微胶囊和复合相变储能材料的 DSC 数据

样品	相变温度/℃	相变峰值温度/℃	相变潜热/(kJ·kg^{-1})
MicroEPCM	33.4	39.8	92.1871
MicroEPCM/nanocopper(1.0%)	33.5	39.3	90.795 6
MicroEPCM/nanocopper(2.5%)	34.8	40.2	87.560 0
MicroEPCM/MGN(1.0%)	33.7	39.6	90.452 8
MicroEPCM/MGN(2.5%)	33.6	39.8	87.053 9 J/g
MicroEPCM/EG(1.0%)	34.1	39.4	90.613 0
MicroEPCM/EG(2.5%)	34.5	39.5	87.506 9

通过石蜡/密胺树脂相变微胶囊和复合相变储能材料的 DSC 测试结果表明，MicroEPCM/纳米铜、MicroEPCM/多层石墨烯和 MicroEPCM/膨胀石墨这三种复合相变储能材料的相变温度和相变峰值温度与石蜡/密胺树脂相变微胶囊相差不大，这说明在石蜡/密胺树脂相变微胶囊中添加纳米铜、多层石墨烯和膨胀石墨后对相变温度影响较小，但是对相变微胶囊的相变潜热影响较大，且随着高导热材料质量分数的增大复合相变储能材料的潜热逐渐减小。这是由于在 DSC 测试温度范围内高导热材料并没有相变潜热，随着高导热材料的质量分数增大，复合相变储能材料中相变微胶囊所占的比例随之减小，因此复合相变储能材料的相变潜热会随着高导热材料质量分数的增大而减小。

相变潜热是衡量相变储能材料储热能力大小的重要指标，相变潜热越大则储热能力越强。因此，通过添加高导热材料对相变储能材料进行强化传热时，需综合考虑导热系数和相变潜热这两种热物性参数的变化情况，应使这两项指标同时满足相变储能材料在实际应用中的需求。

5.4.4　相变微胶囊与复合相变储能材料的储热/释热特性

采用如图 5-1 所示的储热/释热测试实验系统对石蜡/密胺树脂相变微胶囊、MicroEPCM/纳米铜、MicroEPCM/多层石墨烯和 MicroEPCM/膨胀石墨复合相变储能材料在不同载热流体流量下的储热/释热特性进行测试。并取 T1 和 T2 温度的平均值用来分析石蜡/密胺树脂相变微胶囊和复合相变储能材料在储热/释热过程中温度变化与时间的关系。

5.4.4.1　相变微胶囊与复合相变储能材料的储热特性

首先对石蜡/密胺树脂相变微胶囊、MicroEPCM/纳米铜(2.5%)、MicroEPCM/多层石墨烯(2.5%)和MicroEPCM/膨胀石墨(2.5%)复合相变材料在载热流体温度为55 ℃,流量分别为30 mL·min^{-1}、50 mL·min^{-1}、70 mL·min^{-1}、90 mL·min^{-1}和110 mL·min^{-1}下的储热特性进行了测试,石蜡/密胺树脂相变微胶囊与复合相变储能材料在储热过程中温度变化与时间的关系如图5-6所示,

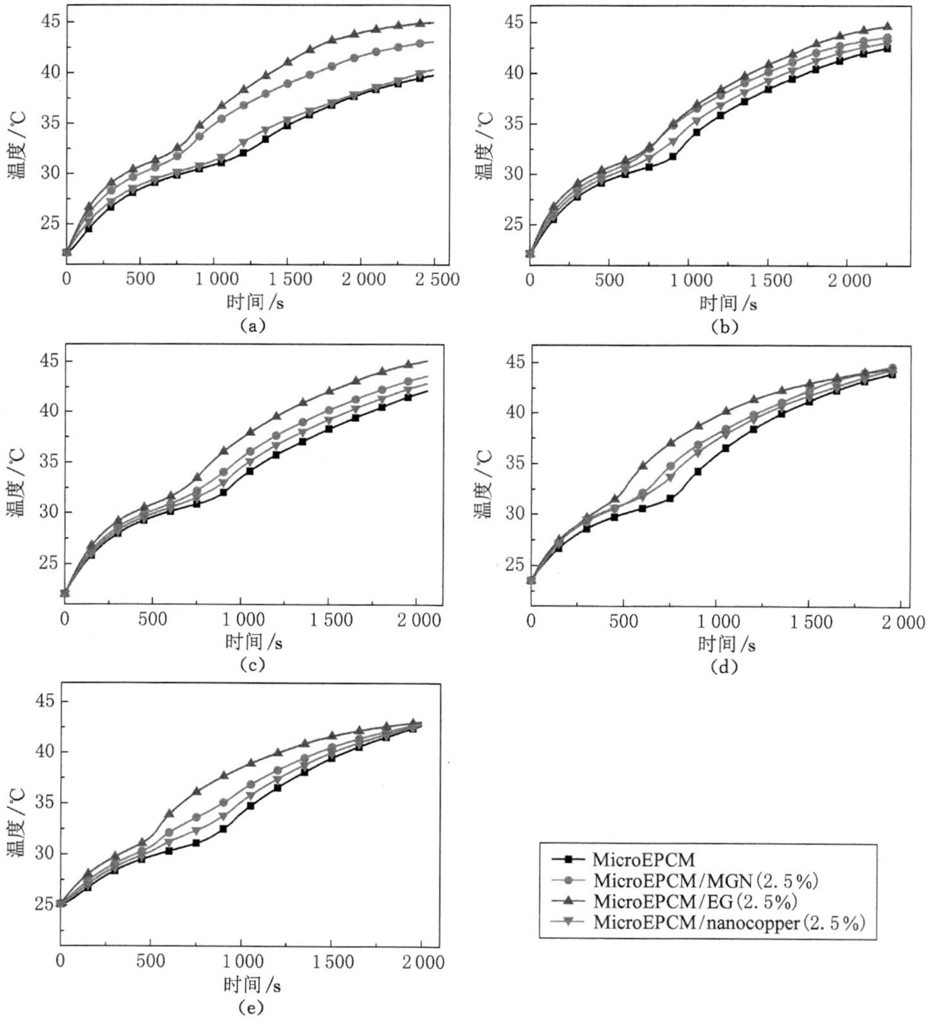

图5-6　相变微胶囊和复合相变储能材料在不同载热流体流量下的储热特性曲线

(a) 30 mL·min^{-1};(b) 50 mL·min^{-1};(c) 70 mL·min^{-1};(d) 90 mL·min^{-1};(e) 110 mL·min^{-1}

表 5-4 为石蜡/密胺树脂相变微胶囊和复合相变储能材料在储热过程中从25 ℃升温至 40 ℃所花费的时间。从图 5-6(a)中明显看出，当载热流体的流量为 30 mL·min^{-1}时，MicroEPCM/膨胀石墨(2.5%)复合相变储能材料的升温速率最快，其次是 MicroEPCM/多层石墨烯(2.5%)，再次是 MicroEPCM/纳米铜(2.5%)，石蜡/密胺树脂相变微胶囊的升温速率最慢，且当载热流体的流量分别为 50 mL·min^{-1}[如图 5-6(b)所示]、70 mL·min^{-1}[如图 5-6(c)所示]、90 mL·min^{-1}[如图 5-6(d)所示]和 110 mL·min^{-1}[如图 5-6(e)所示]下石蜡/密胺树脂相变微胶囊和复合相变储能材料的储热特性均展现出了相同的规律。当载热流体的流量为 30 mL·min^{-1}时，MicroEPCM/纳米铜(2.5%)、MicroEPCM/多层石墨烯(2.5%)和 MicroEPCM/膨胀石墨(2.5%)复合相变储能材料从 25 ℃ 升温至 40 ℃所花费的时间与相变微胶囊相比分别缩短了 1.86%、7.72%、14.98%。这说明高导热材料的添加有效地提高了石蜡/密胺树脂相变微胶囊的传热能力，并且在纳米铜、多层石墨烯和膨胀石墨这三种材料中，膨胀石墨对相变微胶囊储热过程的强化效果最佳。

表 5-4 相变微胶囊和复合相变储能材料在储热过程中从 25 ℃ 升温至 40 ℃ 所需的时间

样品	储热时间(30 mL·min^{-1})	储热时间(50 mL·min^{-1})	储热时间(70 mL·min^{-1})	储热时间(90 mL·min^{-1})	储热时间(110 mL·min^{-1})
MicroEPCM	1 502 s	1 420 s	1 331 s	1 193 s	1 166 s
MicroEPCM/EG (0.5%)	1 480 s	1 302 s	1 223 s	1 166 s	1 025 s
MicroEPCM/EG (1.0%)	1 467 s	1 250 s	1 159 s	1 084 s	1 022 s
MicroEPCM/EG (2.5%)	1 277 s	1 229 s	1 150 s	1 058 s	927 s
MicroEPCM/MGN (2.5%)	1 386 s	1 328 s	1 284 s	1 102 s	1 016 s
MicroEPCM/nano copper(2.5%)	1 474 s	1 396 s	1 314 s	1 168 s	1 098 s

除此之外，从石蜡/密胺树脂相变微胶囊和复合相变储能材料的储热特性测

试实验中还可知，载热流体的流量分别为 50 mL・min^{-1}、70 mL・min^{-1}、90 mL・min^{-1}和 110 mL・min^{-1}时，石蜡/密胺树脂相变微胶囊从 25 ℃ 升温至 40 ℃所花费的时间与载热流体为 30 mL・min^{-1} 相比分别缩短了 5.46%、11.38%、20.57%和22.37%；MicroEPCM/纳米铜(2.5%)在载热流体的流量分别为 50 mL・min^{-1}、70 mL・min^{-1}、90 mL・min^{-1}和 110 mL・min^{-1}时，其储热过程从 25 ℃ 升温至 40 ℃的储热时间与载热流体为 30 mL・min^{-1}相比分别缩短了 5.29%、10.85%、20.76%和 25.51%；MicroEPCM/多层石墨烯(2.5%)在载热流体的流量分别为 50 mL・min^{-1}、70 mL・min^{-1}、90 mL・min^{-1}和 110 mL・min^{-1}时，其储热过程从 25 ℃ 升温至 40 ℃的储热时间与载热流体为 30 mL・min^{-1}相比分别缩短了 4.18%、7.36%、20.49%和 26.70%；MicroEPCM/膨胀石墨(2.5%)在载热流体的流量分别为 50 mL・min^{-1}、70 mL・min^{-1}、90 mL・min^{-1}和 110 mL・min^{-1}时，其储热过程从 25 ℃ 升温至 40 ℃的储热时间与载热流体为 30 mL・min^{-1} 相比分别缩短了3.76%、9.95%、17.15%和 27.41%。研究结果表明，随着载热流体流量的增加，石蜡/密胺树脂相变微胶囊和复合相变储能材料的储热速率也随着增加。当载热流体流量相同时，复合相变储能材料的储热速率始终高于石蜡/密胺树脂相变微胶囊的储热速率。复合相变储能材料中以 MicroEPCM/膨胀石墨(2.5%)的储热速率最高，其次是 MicroEPCM/多层石墨烯(2.5%)，MicroEPCM/纳米铜(2.5%)的储热速率最低。

5.4.4.2 相变微胶囊与复合相变储能材料的释热特性

在释热过程中，石蜡/密胺树脂相变微胶囊、MicroEPCM/纳米铜(2.5%)、MicroEPCM/多层石墨烯(2.5%)和 MicroEPCM/膨胀石墨(2.5%)在载热流体的温度为 15 ℃，流量分别为 30 mL・min^{-1}、50 mL・min^{-1}、70 mL・min^{-1}、90 mL・min^{-1}和 110 mL・min^{-1}下的温度变化与时间的关系如图 5-7 所示。石蜡/密胺树脂相变微胶囊和复合相变储能材料在储热过程中从 40 ℃降温至 25 ℃所花费的时间如表 5-5 所示。

从图 5-7(a)中明显看出，当载热流体的流量为 30 mL・min^{-1}时，MicroEPCM/膨胀石墨(2.5%)复合相变储能材料的降温速率最快，其次是 MicroEPCM/多层石墨烯(2.5%)，再次是 MicroEPCM/纳米铜(2.5%)，石蜡/密胺树脂相变微胶囊的降温速率最慢，且当载热流体的流量分别为 50 mL・min^{-1}[如图 5-7(b)所示]、70 mL・min^{-1}[如图 5-7(c)所示]、90 mL・min^{-1}[如图 5-7(d)所示]和 110 mL・min^{-1}[如图 5-8(e)所示]下石蜡/密胺树脂相变微胶囊和复合相变储能材料的释热特性均展现出了相同的规律。当载热流体的流量为 30 mL・min^{-1}时，MicroEPCM/纳米铜(2.5%)、MicroEPCM/多层石墨烯(2.5%)

和 MicroEPCM/膨胀石墨(2.5%)复合相变材料从 40 ℃降温至 25 ℃所花费的时间与相变微胶囊相比分别缩短了 8.03%、16.43%、26.63%。这说明高导热材料的添加有效地提高了储能材料的释热速率，并且在纳米铜、石墨烯和膨胀石墨这三种材料中，膨胀石墨对相变微胶囊释热过程的强化效果最佳。

表 5-5　相变微胶囊和复合材料在释热过程中从 40 ℃降温至 25 ℃所需的时间

样品	释热时间 (30mL·min^{-1})	释热时间 (50 mL·min^{-1})	释热时间 (70 mL·min^{-1})	释热时间 (90 mL·min^{-1})	释热时间 (110 mL·min^{-1})
MicroEPCM	1 059 s	1 036 s	1 010 s	943 s	912 s
MicroEPCM/EG (0.5%)	1 005 s	955 s	903 s	810 s	732 s
MicroEPCM/EG (1.0%)	802 s	785 s	766 s	730 s	689 s
MicroEPCM/EG (2.5%)	777 s	752 s	731 s	693 s	678 s
MicroEPCM/MGN (2.5%)	885 s	867 s	853 s	844 s	795 s
MicroEPCM/nano copper(2.5%)	974 s	924 s	908 s	879 s	840 s

除此之外，从石蜡/密胺树脂相变微胶囊和复合相变储能材料的释热特性测试实验中还得知，载热流体的流量分别为 50 mL·min^{-1}、70 mL·min^{-1}、90 mL·min^{-1}和 110 mL·min^{-1}时，石蜡/密胺树脂相变微胶囊从 40 ℃降温至 25 ℃所花费的时间与载热流体为 30 mL·min^{-1}相比分别缩短了 2.17%、4.63%、10.95%和13.88%；MicroEPCM/纳米铜(2.5%)在载热流体的流量分别为 50 mL·min^{-1}、70 mL·min^{-1}、90 mL·min^{-1}和 110 mL·min^{-1}时，其释热过程从 40 ℃降温至 25 ℃的释热时间与载热流体为 30 mL·min^{-1}相比分别缩短了 5.29%、10.85%、20.76%和 25.51%；MicroEPCM/多层石墨烯(2.5%)在载热流体的流量分别为 50 mL·min^{-1}、70 mL·min^{-1}、90 mL·min^{-1}和 110 mL·min^{-1}时，其释热过程从 40 ℃降温至 25 ℃所花费的时间与载热流体为 30 mL·min^{-1}相比分别缩短了2.03%、3.62%、4.63%和 10.17%；MicroEPCM/膨胀石墨(2.5%)在载热流体的流量分别为 50 mL·min^{-1}、70 mL·min^{-1}、90 mL·min^{-1}和 110 mL·min^{-1}时，其释热过程从 40 ℃降温至 25 ℃的释热时间与载热流体为 30 mL·min^{-1}相比分别缩短了 3.22%、5.92%、10.81%和 12.74%。

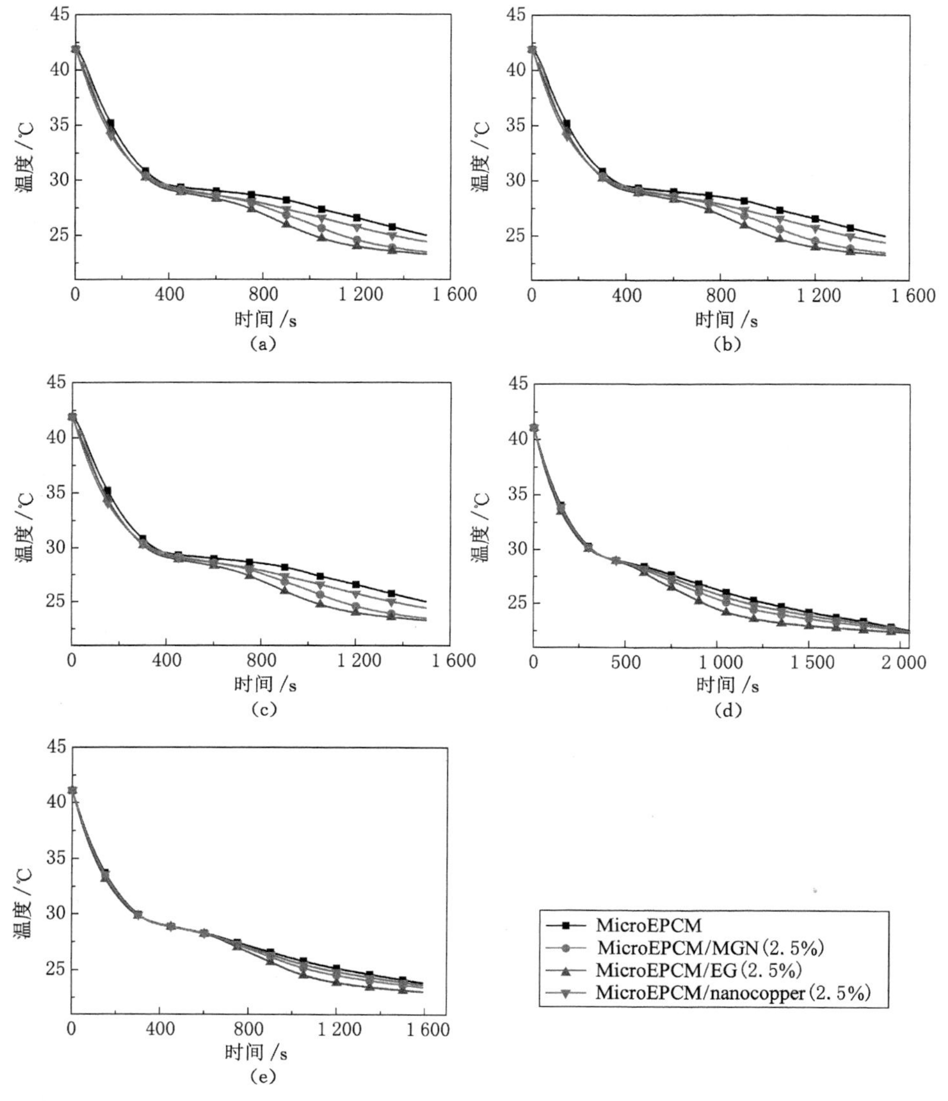

图 5-7 相变微胶囊和复合相变储能材料在不同载热流体流量下的释热特性曲线

(a) 30 mL·min^{-1};(b) 50 mL·min^{-1};(c) 70 mL·min^{-1};(d) 90 mL·min^{-1};(e) 110 mL·min^{-1}

研究结果表明,随着载热流体流量的增加,石蜡/密胺树脂相变微胶囊和复合相变储能材料的释热速率也随之提高。当载热流体流量相同时,复合相变材料的释热速率始终高于石蜡/密胺树脂相变微胶囊的释热速率,进一步说明了高导热材料的添加有效地提升了相变微胶囊的释热效率。而在复合相变储能材料中以 MicroEPCM/膨胀石墨(2.5%)的释热速率最高,其次是 MicroEPCM/多层石墨烯(2.5%),MicroEPCM/纳米铜(2.5%)的释热速率最低。并且石蜡/密胺树脂相变微胶囊和复合相变储能材料的释热测试结果与储热过程的测试结果保持一致。

5.4.4.3　膨胀石墨质量分数对相变微胶囊储热/释热特性的影响

从石蜡/密胺树脂相变微胶囊和复合相变材料的储热/释热测试结果可知,膨胀石墨对相变微胶囊的传热强化效果最佳。因此,以下内容进一步对不同膨胀石墨质量分数下 MicroEPCM/膨胀石墨复合相变材料的储热/释热特性进行了研究。

首先,对膨胀石墨质量分数分别为 0.5%、1.0%、2.5%的 MicroEPCM/膨胀石墨复合相变储能材料在载热流体的流量分别为 30 mL·min^{-1}、50 mL·min^{-1}、70 mL·min^{-1}、90 mL·min^{-1}和 110 mL·min^{-1}下的储热特性进行了测试,在储热过程中载热流体的温度始终保持在 55 ℃,不同膨胀石墨质量分数下的 MicroEPCM/膨胀石墨复合相变材料的温度变化与时间的关系如图 5-9 所示。MicroEPCM/膨胀石墨复合相变材料在储热过程中从 25 ℃升温至 40 ℃所花费的时间如表 5-4 所示。

从图 5-8(a)中可以看出,当载热流体的流量为 30 mL·min^{-1}时,膨胀石墨质量分数为 2.5%的 MicroEPCM/膨胀石墨复合相变储能材料的升温速率最快,其次是膨胀石墨质量分数为 1.0%时,当膨胀石墨质量分数为 0.5%时升温速率最低,且当载热流体的流量分别为 50 mL·min^{-1}[如图 5-8(b)所示]、70 mL·min^{-1}[如图 5-8(c)所示]、90 mL·min^{-1}[如图 5-8(d)所示]和 110 mL·min^{-1}[如图 5-8(e)所示]下 MicroEPCM/膨胀石墨复合相变储能材料的储热特性均展现出了相同的规律。当载热流体的流量为 30 mL·min^{-1}时,膨胀石墨质量分数分别为 0.5%、1.0%和 2.5%时 MicroEPCM/膨胀石墨复合相变储能材料从 25 ℃ 升温至 40 ℃所花费的时间与石蜡/密胺树脂相变微胶囊相比分别缩短了 1.46%、2.33%、14.98%。此外,从 MicroEPCM/膨胀石墨复合相变储能材料的储热特性测试实验中还可知,载热流体的流量分别为 50 mL·min^{-1}、70 mL·min^{-1}、90 mL·min^{-1}和 110 mL·min^{-1}时,当膨胀石墨质量分数为 0.5%时,MicroEPCM/膨胀石墨复合相变储能材料从 25 ℃ 升温至 40 ℃所花费的时间与载热流体为 30 mL·min^{-1}相比分别缩短了 12.03%、17.36%、21.22%和 30.74%;当膨胀石墨质量分数为 1.0%时,MicroEPCM/膨胀石墨复合相变储能材料从 25 ℃ 升温至 40 ℃所花费的时间与载热流体为 30 mL·min^{-1}相比分别缩短了 14.79%、20.99%、26.11%和 30.33%;当膨胀石墨质量分数为 2.5%时,MicroEPCM/膨胀石墨复合相变储能材料从 25 ℃ 升温至 40 ℃所花费的时间与载热流体为 30 mL·min^{-1}相比分别缩短了 3.76%、9.95%、17.15%和

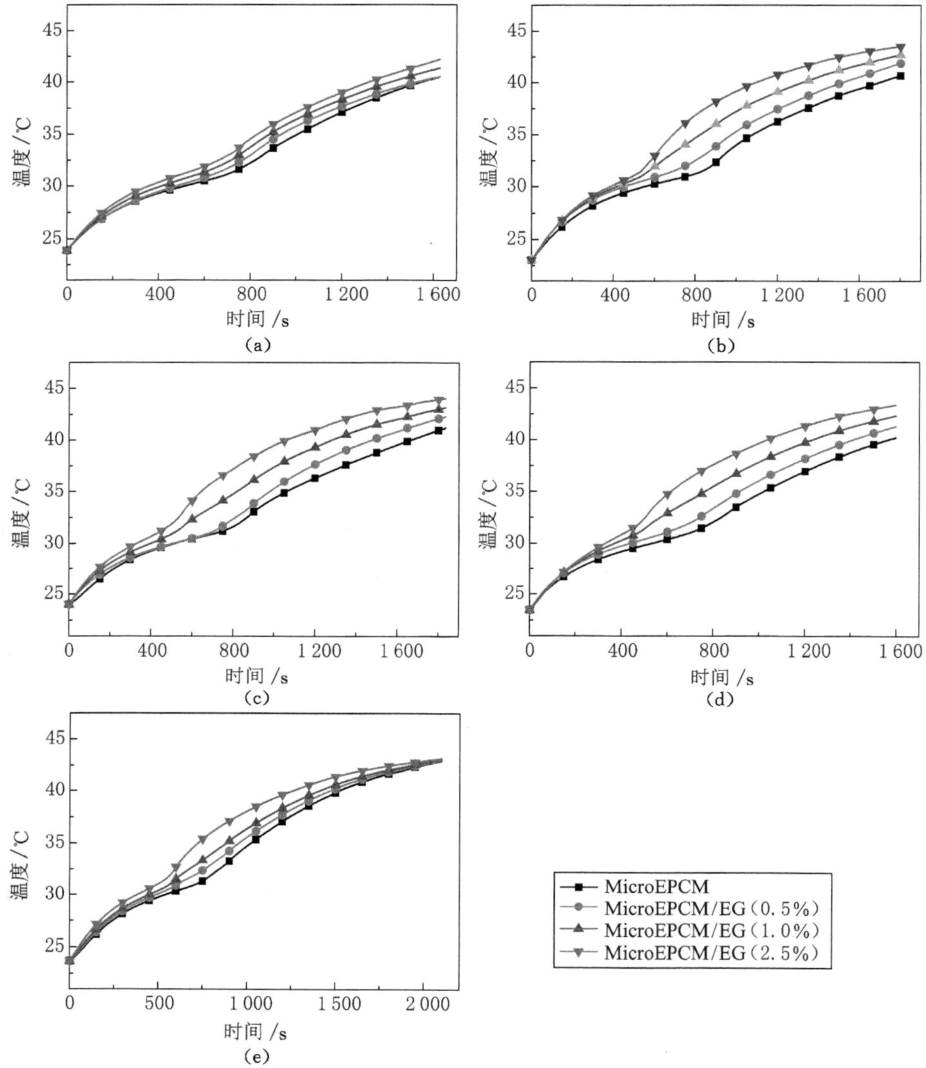

图 5-8 MicroEPCM/膨胀石墨(0.5%、1%、2.5%)在不同载热流体流量下的储热特性曲线

(a) 30 mL · min^{-1};(b) 50 mL · min^{-1};(c) 70 mL · min^{-1};(d) 90 mL · min^{-1};(e) 110 mL · min^{-1}

27.41%。结果表明,当载热流体流量相同时,MicroEPCM/膨胀石墨复合相变储能材料储热速率始终高于石蜡/密胺树脂相变微胶囊,且 MicroEPCM/膨胀石墨复合相变储能材料储热速率随着膨胀石墨质量分数的增大而提高。当膨胀

石墨质量分数相同时，随着载热流体流量的增加，MicroEPCM/膨胀石墨复合相变储能材料的储热速率也随之增加。

其次，对膨胀石墨质量分数分别为 0.5%、1.0%、2.5%的 MicroEPCM/膨胀石墨复合相变储能材料在载热流体的流量分别为 30 mL・min^{-1}、50 mL・min^{-1}、70 mL・min^{-1}、90 mL・min^{-1}和 110 mL・min^{-1}下的释热特性进行了测试，在释热过程中载热流体的温度始终保持在 15 ℃，不同膨胀石墨质量分数下的 MicroEPCM/膨胀石墨复合相变储能材料的温度变化与时间的关系如图 5-9 所示。MicroEPCM/膨胀石墨复合相变储能材料在释热过程中从 40 ℃降温至 25 ℃所花费的时间如表 5-5 所示。从图 5-9(a)中可以看出，当载热流体的流量为 30 mL・min^{-1}时，膨胀石墨质量分数为 2.5%的 MicroEPCM/膨胀石墨复合相变储能材料的降温速率最快，其次是膨胀石墨质量分数为 1.0%时，当膨胀石墨质量分数为 0.5%时降温速率最低，且当载热流体的流量分别为 50 mL・min^{-1}[如图 5-9(b)所示]、70 mL・min^{-1}[如图 5-9(c)所示]、90 mL・min^{-1}[如图 5-9(d)所示]和 110 mL・min^{-1}[如图 5-9(e)所示]下 MicroEPCM/膨胀石墨复合相变储能材料的释热特性均展现出了相同的规律。当载热流体的流量为 30 mL・min^{-1}时，膨胀石墨质量分数分别为 0.5%、1.0%和2.5%时 MicroEPCM/膨胀石墨复合相变材料从 40 ℃降温至 25 ℃所花费的时间与石蜡/密胺树脂相变微胶囊相比分别缩短了 5.1%、24.27%、26.63%。此外，从 MicroEPCM/膨胀石墨复合相变储能材料的储热特性测试实验中还可知，载热流体的流量分别为 50 mL・min^{-1}、70 mL・min^{-1}、90 mL・min^{-1}和 110 mL・min^{-1}时，当膨胀石墨质量分数为 0.5%时，MicroEPCM/膨胀石墨复合相变储能材料从 40 ℃降温至 25 ℃所花费的时间与载热流体为 30 mL・min^{-1}相比分别缩短了 4.98%、10.15%、19.4%和 27.16%；当膨胀石墨质量分数为 1.0%时，MicroEPCM/膨胀石墨复合相变储能材料从 40 ℃降温至 25 ℃所花费的时间与载热流体为 30 mL・min^{-1}相比分别缩短了 2.17%、4.49%、8.98%和 14.09%；当膨胀石墨质量分数为 2.5%时，MicroEPCM/膨胀石墨复合相变储能材料从 40 ℃降温至 25 ℃所花费的时间与载热流体为 30 mL・min^{-1}相比分别缩短了 3.22%、5.92%、10.81%和 12.74%。研究结果表明，当载热流体流量相同时，MicroEPCM/膨胀石墨复合相变储能材料释热速率始终高于石蜡/密胺树脂相变微胶囊的释热速率，且 MicroEPCM/膨胀石墨复合相变储能材料的释热速率随着膨胀石墨质量分数的增大而增高。当膨胀石墨质量分数相同时，随着载热流体流量的增加，MicroEPCM/膨胀石墨复合相变储能材料的释热速率也随之增加。

从石蜡/密胺树脂相变微胶囊、MicroEPCM/纳米铜(2.5%)、MicroEPCM/

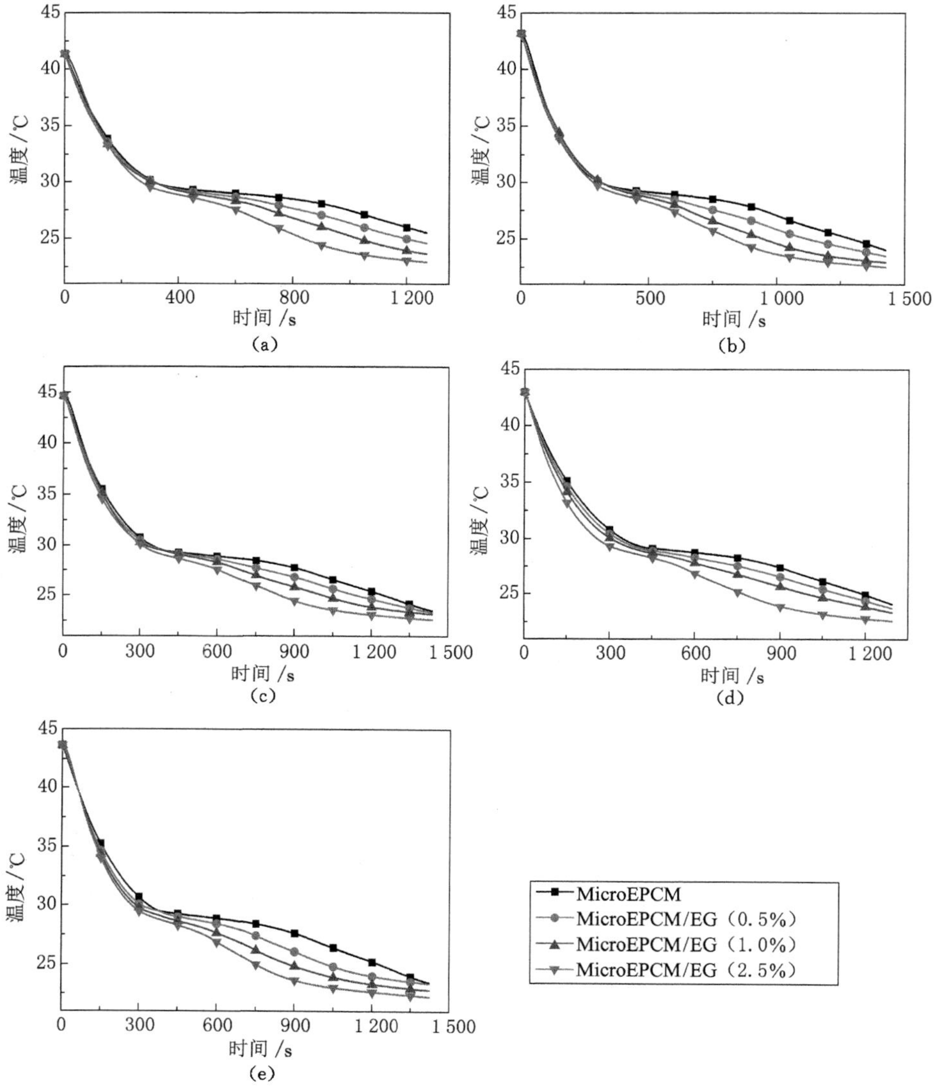

图 5-9　MicroEPCM/膨胀石墨(0.5%、1%、2.5%)在不同载热流体流量下的释热特性曲线

(a) 30 mL·min^{-1};(b) 50 mL·min^{-1};(c)70 mL·min^{-1};(d) 90 mL·min^{-1};(e) 110 mL·min^{-1}

多层石墨烯(2.5%)和 MicroEPCM/膨胀石墨(2.5%)复合相变储能材料的储热/释热实验表明,纳米铜、多层石墨烯和膨胀石墨的添加对相变微胶囊的储热/释热效率有着很大的提高,其中以膨胀石墨的强化效果最佳,石墨烯效果次之,

纳米铜的效果最差。MicroEPCM/膨胀石墨(2.5%)复合相变储能材料的储热/释热实验表明,复合相变储能材料的储热/释热效率随着膨胀石墨质量分数的提高而增大。

5.5 本章小结

本章采用纳米铜、多层石墨烯和膨胀石墨三种高导热材料对石蜡/密胺树脂相变微胶囊进行了强化传热。并对高导热材料的种类、质量分数对石蜡/密胺树脂相变微胶囊的相变潜热、相变温度、导热系数和储热/释热性能的影响进行了研究。结果表明,高导热材料的添加有效地增加了石蜡/密胺树脂相变微胶囊的传热性能。具体结论如下:

(1) 高导热材料的添加提高了石蜡/密胺树脂相变微胶囊的导热系数,当纳米铜、多层石墨烯和膨胀石墨的质量分数均为 2.5%时,复合相变储能材料的导热系数与石蜡/密胺树脂相变微胶囊相比分别提高了 8.72%、28.27%、39.62%。结果表明,膨胀石墨对相变微胶囊的导热系数提高最大,其次是石墨烯,再次是纳米铜。同时,复合相变储能材料的导热系数随着高导热材料质量分数的增大而提高。但石蜡/密胺树脂相变微胶囊和复合相变储能材料的导热系数却随着温度的升高而降低。

(2) MicroEPCM/纳米铜、MicroEPCM/多层石墨烯和 MicroEPCM/膨胀石墨这三种复合相变储能材料的相变温度和相变峰值温度与石蜡/密胺树脂相变微胶囊相差不大,这说明在石蜡/密胺树脂相变微胶囊中添加纳米铜、多层石墨烯和膨胀石墨后对相变温度影响较小,但是对相变微胶囊的相变潜热影响较大,且随着高导热材料质量分数的增大复合相变储能材料的潜热逐渐减小。

(3) 在储热/释热测试实验中表明 MicroEPCM/膨胀石墨复合相变储能材料的储热/释热效率明显高于 MicroEPCM/纳米铜和石墨/MicroEPCM 两种复合相变储能材料。当膨胀石墨质量分数为 2.5%时,MicroEPCM/膨胀石墨复合相变储能材料的储热和释热效率与相变微胶囊相比可分别提高 14.98%和 26.63%。除此之外,复合相变储能材料的储热/释热效率也随着高导热材料质量分数和载热流体流量的提高而增大。

(4) 尽管添加高导热材料后,相变微胶囊的导热系数和储热/释热效率明显提高,但是复合材料在单位内的相变潜热却随着高导热材料质量分数的增大而降低。因此应根据实际的应用来调整高导热材料的质量分数,使导热性能和储热能力同时满足应用的需求。

第6章 五水合硫代硫酸钠/聚苯乙烯相变微胶囊及其热性能

6.1 引 言

无机水合盐类相变储能材料与石蜡等有机类相变储能材料相比，具有相变潜热大、导热系数高等优点，但是其存在的相分离、腐蚀性强等缺点，制约了无机水合盐在相变储能领域的实际应用[45]。而采用微胶囊封装技术可有效改善无机水合盐相变储能材料相分离和熔化后泄漏对设备和周围环境造成腐蚀的问题。

五水合硫代硫酸钠(其化学式为 $Na_2S_2O_3 \cdot 5H_2O$)具有相变潜热大、导热系数高的优点，且来源广泛、价格低廉，可广泛应用于相变储能领域。当温度达到 33 ℃以上时，五水合硫代硫酸钠在干燥的空气中容易风化，当温度达到 48 ℃左右时失去结晶水发生相变，相变潜热高达 210 J/g[46]。赵睿新等[47]对五水合硫代硫酸钠非等温脱水的过程进行了研究。高学农等[48]采用二水合硫酸钙和萘酚为成核剂，以羧甲基纤维素、水溶性石蜡和活性白土等为增稠剂对五水合硫代硫酸钠过冷和相分离的改性情况进行了研究，研究表明当活性白土在 0.5～5.0%，、二水合硫酸钙为 5%时对五水合硫代硫酸钠的过冷和相分离改善效果最佳。季旭等[49]研究表明当膨胀石墨添加含量为 7%，十水合二磷酸四钠添加含量为 3%时对五水合硫代硫酸钠相分离改善效果最好，并且当五水合硫代硫酸钠发生相变后无液体泄漏。李艳等[50]将五水合硫代硫酸钠用于 CPU 散热，研究发现五水合硫代硫酸钠可将 CPU 的温度控制在 47 ℃以下，控温效果良好。Suat Canbazoglu 等[51]将五水合硫代硫酸钠作为相变储能材料用于被动式太阳能热水系统中，研究发现当太阳能热水系统中加入相变材料后产生相同温度热水的产量和热水储存的时间与未加五水合硫代硫酸钠相变储能材料的系统相比提高了 2.59～3.45倍。

本章以五水合硫代硫酸钠(SoTP)为芯材，聚苯乙烯(PS)为壁材，采用溶剂挥发法制备了五水合硫代硫酸钠/聚苯乙烯相变微胶囊。并对不同乳化剂含量、搅拌速率等制备工艺条件对五水合硫代硫酸钠/聚苯乙烯相变微胶囊的微观形貌、粒径分布、相变温度、相变潜热和热稳定性等热物性的影响进行了研究。

6.2　五水合硫代硫酸钠/聚苯乙烯相变微胶囊的制备

6.2.1　溶剂挥发法制备相变微胶囊的原理

溶剂挥发法是通过蒸发水溶液中溶解聚合物的有机溶剂，随着有机溶剂的挥发聚合物逐渐析出并聚合在芯材表面形成核壳结构，从而制备出相变微胶囊的一种方法。在制备相变微胶囊时，首先将高分子材料溶解到有机溶剂中，然后将芯材乳液通过机械搅拌或超声均匀分散至有机相中，随着有机溶剂的挥发，高分子材料逐渐析出，并在芯材表面形成壁材，从而制备出相变微胶囊。采用溶剂挥发法制备五水合硫代硫酸钠/聚苯乙烯相变微胶囊的原理图如图 6-1 所示。当制备五水合硫代硫酸钠/聚苯乙烯相变微胶囊时，首先将聚苯乙烯溶于有机溶

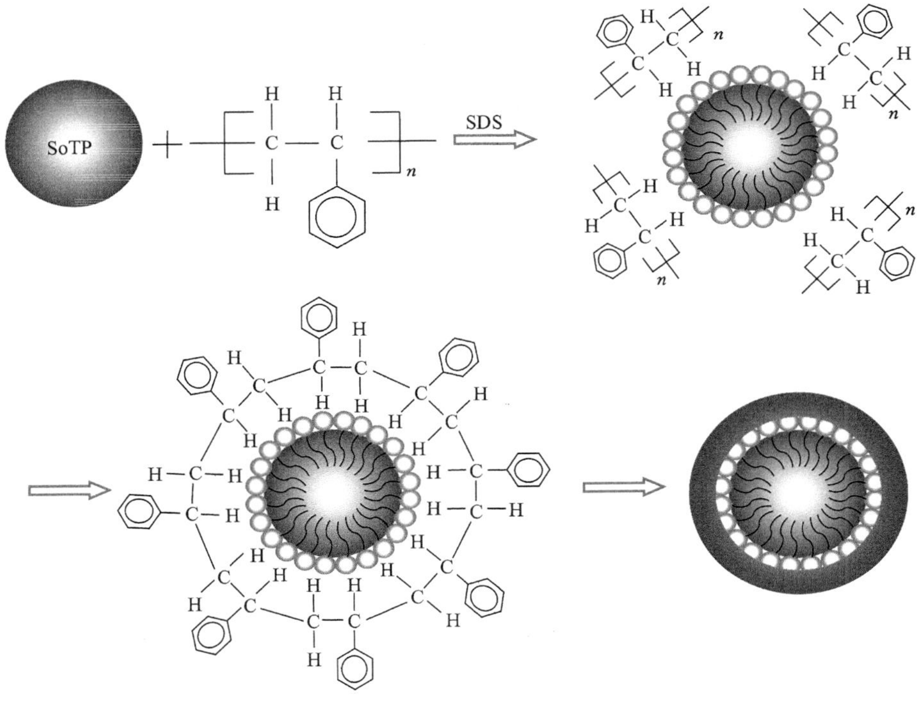

图 6-1　五水合硫代硫酸钠/聚苯乙烯相变微胶囊的制备原理图

剂中，然后将熔融状态的五水合硫代硫酸钠在乳化剂的作用下通过机械搅拌均匀分散至有机溶剂体系中，随着有机溶剂不断地挥发，聚苯乙烯逐渐从有机溶剂中析出，并不断地在芯材表面团聚形成壁材，从而制备出五水合硫代硫酸钠/聚苯乙烯相变微胶囊。

6.2.2 实验药品与试剂

本章五水合硫代硫酸钠/聚苯乙烯相变微胶囊的制备过程中所使用的主要原材料及试剂如表 6-1 所示。

表 6-1 制备五水合硫代硫酸钠/聚苯乙烯相变微胶囊的主要原料及规格

原料及试剂	英文缩写	规格	生产厂家
五水合硫代硫酸钠	SoTP	AR	西陇化工股份有限公司
聚苯乙烯	PS	AR	阿拉丁试剂
十二烷基硫酸钠	SDS	AR	国药集团化学试剂有限公司
二氯甲烷	—	AR	国药集团化学试剂有限公司
石油醚	—	AR	国药集团化学试剂有限公司
去离子水	—	高纯水	实验室自制

6.2.3 实验仪器与设备

本章五水合硫代硫酸钠/聚苯乙烯相变微胶囊制备过程中所使用的主要仪器及设备如表 6-2 所示。

表 6-2 用于五水合硫代硫酸钠/聚苯乙烯相变微胶囊制备及性能测试的主要仪器及生产厂家

仪器名称	型号	生产厂家
数显磁力搅拌器	MS-H280-PRO	大龙兴创实验仪器(北京)有限公司
数显电子恒温水浴锅	HH-2	常州国华电器有限公司
超声波清洗机	SK3310LHC	上海科导超声仪器有限公司
通风橱	定制	安徽杰克欧德实验室设备有限公司
干燥箱	DHG-9076A	上海精宏实验设备有限公司
电子天平	FA2004	上海舜宇恒平科学仪器有限公司
实验室超净水机	R0-20	南京前沿仪器设备有限公司
傅立叶红外光谱(FTIR)	VERTEX 80v	德国布鲁克公司
光学显微镜	XSP-06	宁波湛京光学仪器有限公司
扫描电子显微镜(SEM)	Quanta 250	美国 FEI 公司
差示扫描量热仪(DSC)	DSC-100	南京大展机电技术研究所

续表 6-2

仪器名称	型号	生产厂家
X 射线衍射仪(XRD)	D8 Advance	德国布鲁克公司
热重分析仪(TG)	DTG-60	日本岛津公司

6.2.4　五水合硫代硫酸钠/聚苯乙烯相变微胶囊的制备工艺流程

本章五水合硫代硫酸钠/聚苯乙烯相变微胶囊的制备配方如表 6-3 所示，制备过程主要包括三个部分：芯材乳液的制备，壁材预聚体溶液的制备和相变微胶囊的合成。

表 6-3　　五水合硫代硫酸钠/聚苯乙烯相变微胶囊的制备配方

样品	SoTP/g	PS/g	SDS/g	搅拌速率/(r·min^{-1})
S1	5	3	0.02	600
S2	5	3	0.04	600
S3	5	3	0.06	600
S4	5	3	0.08	600
S5	5	3	0.06	400
S6	5	3	0.06	800
S7	5	3	0.06	1 000

芯材乳液的制备：用电子天平称量一定质量的五水合硫代硫酸钠，将其溶入 3 mL 去离子水中，并在 40 ℃下加热溶解成透明溶液。将一定量的十二烷基硫酸钠(SDS)并加入上述透明溶液中，然后将混合溶液置于水浴温度为 40 ℃的磁力搅拌器中以 600 r·min^{-1}的搅拌速度下持续搅拌 15 min，再将获得的溶液超声分散 20 min，从而得到芯材乳液 A。

壁材预聚体溶液的制备：将一定质量的聚苯乙烯与 50 mL 的二氯甲烷有机溶剂混合，并将其置于磁力搅拌器中以 400 r·min^{-1}的搅拌速度持续搅拌直至聚苯乙烯完全溶解在有机溶剂中，从而得到壁材预聚体溶液 B。

相变微胶囊的合成：将溶液 B 放置在水浴温度为 40 ℃的数显磁力搅拌器中以一定的搅拌速度进行搅拌，在搅拌过程中将溶液 A 滴加至溶液 B 中，滴加完成后在 40 ℃的水浴温度下超声分散 15 min。超声完后继续在水浴温度为 40 ℃的磁力搅拌器中以一定的搅拌速度持续搅拌 6～8 h，待溶液中的有机溶剂完全挥发后便得到含有五水合硫代硫酸钠/聚苯乙烯相变微胶囊的溶液。然后将相变微胶囊混合液进行抽滤、洗涤、干燥，最后得到五水合硫代硫酸钠/聚苯乙烯相变微胶囊。

6.3 五水合硫代硫酸钠/聚苯乙烯相变微胶囊的性能表征

6.3.1 微观形貌表征

采用 Quanta 250 型 SEM 观察五水合硫代硫酸钠/聚苯乙烯相变微胶囊的微观形貌。将所制备的相变微胶囊均匀分散至无水乙醇中，然后将分散液滴到载玻片上，待无水乙醇挥发后，用导电双面胶将相变微胶囊粘附到样品盘上，并在相变微胶囊的表面进行喷金。

6.3.2 FTIR 测试

采用 VERTEX 80v 型 FTIR 对五水合硫代硫酸钠、聚苯乙烯和五水合硫代硫酸钠/聚苯乙烯相变微胶囊的官能团组成进行分析，其测试范围为 4 000～400 cm^{-1}。

6.3.3 XRD 测试

采用 D8 Advance 型 XRD 对五水合硫代硫酸钠、聚苯乙烯和五水合硫代硫酸钠/聚苯乙烯相变微胶囊的晶相进行分析，扫描速率为 5° 2θ · min^{-1}，测试电压为 40 kV，测试电流为 30 mA。

6.3.4 粒径分布测试

采用 XSP-06 型显微镜对五水合硫代硫酸钠/聚苯乙烯相变微胶囊的粒径进行测量，将相变微胶囊均匀分散到载玻片上，用显微镜测量不少于 100 个微胶囊的粒径，从而得到微胶囊的粒径分布。

6.3.5 相变特性测试

采用 DSC-100 型 DSC 对五水合硫代硫酸钠和五水合硫代硫酸钠/聚苯乙烯相变微胶囊的相变温度和相变潜热进行测试。测量范围为 30～90 ℃，升温速率 10 ℃/min，样品重量为 10～20 mg，且用氮气氛围保护。在 DSC 测试之前先将五水合硫代硫酸钠和五水合硫代硫酸钠/聚苯乙烯相变微胶囊在恒温干燥箱中以 40 ℃干燥 18 h，去除样品中的水分。该差示扫描量热仪的热流测试精度为±0.1 μW。

6.3.6 热稳定性测试

采用 DTG-60 型 TG 对五水合硫代硫酸钠和五水合硫代硫酸钠/聚苯乙烯相变微胶囊的热稳定性进行测试，测试温度范围为 25～300 ℃，升温速率为 10 ℃/min，氮气氛围保护，氮气流量为 60 mL · min^{-1}。

6.3.7 导热系数测试

采用 DRL-Ⅲ型导热系数测试仪对五水合硫代硫酸钠和五水合硫代硫酸

钠/聚苯乙烯相变微胶囊的导热系数进行测试。样品为直径 30 mm，厚约 5 mm 的圆片。测试温度为 20 ℃、25 ℃、30 ℃、35 ℃和 40 ℃。每个样品重复测试三次取其平均值，该导热系数测试仪的误差为±3%。

6.4　五水合硫代硫酸钠/聚苯乙烯相变微胶囊的物性测试结果与分析

6.4.1　五水合硫代硫酸钠/聚苯乙烯相变微胶囊的微观形貌

采用 SEM 对五水合硫代硫酸钠/聚苯乙烯相变微胶囊的形貌进行观察，不同乳化剂含量下所制备的相变微胶囊的微观形貌如图 6-2 所示。

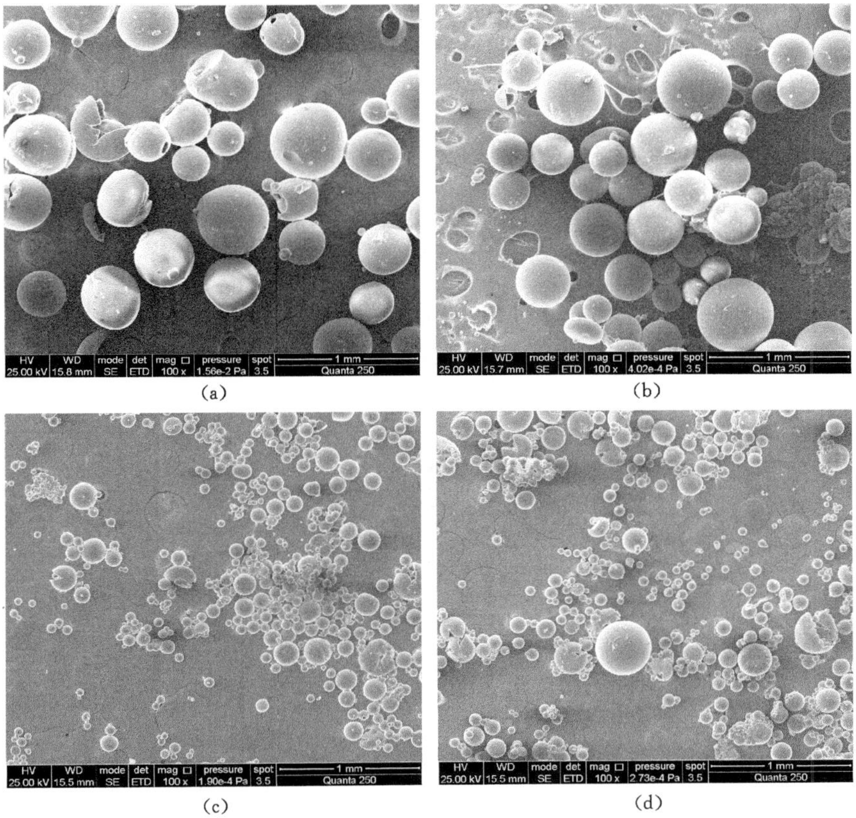

图 6-2　五水合硫代硫酸钠/聚苯乙烯相变微胶囊的扫描电镜图

(a) S1；(b) S2；(c) S3；(d) S4[35,44]

从图 6-2 中可以看出所制备的相变微胶囊大部分呈规则的球状结构，且表面光滑致密。但乳化剂的含量不同，相变微胶囊的粒径大小和分布有所区别。相变微胶囊 S1 的微观形貌如图 6-2(a)所示，可以看出有个别相变微胶囊发生破裂以及表面发生凹陷，与 S2、S3 和 S4 相比表面略显粗糙。相变微胶囊 S2 的微观形貌如图 6-2(b)所示，从图中并未发现有胶囊破损，但有个别胶囊呈椭圆体结构，并且粒径大小分布不均匀。相变微胶囊 S3 的微观形貌如图 6-2(c)所示，也存在个别胶囊破损的现象，但大部分胶囊呈规则的球状结构，并且粒径大小分布与 S1、S2 和 S4 相比相对均匀。相变微胶囊 S4 的微观形貌如图 6-2(d)所示，同样大部分胶囊呈规则的球状结构，但个别胶囊存在破损的现象，并且粒径大小分布不均匀。图 6-3 为微胶囊 S3 的单个微胶囊的 SEM 图，从图中可以看出微胶囊 S3 的壁材厚度约为 2.898 μm。结果表明，在五水合硫代硫酸钠/聚苯乙烯相变微胶囊的制备过程中，乳化剂含量对相变微胶囊的形貌和粒径有很大的影响，随着乳化剂含量的增大，相变微胶囊的粒径有先减小后增大的趋势。

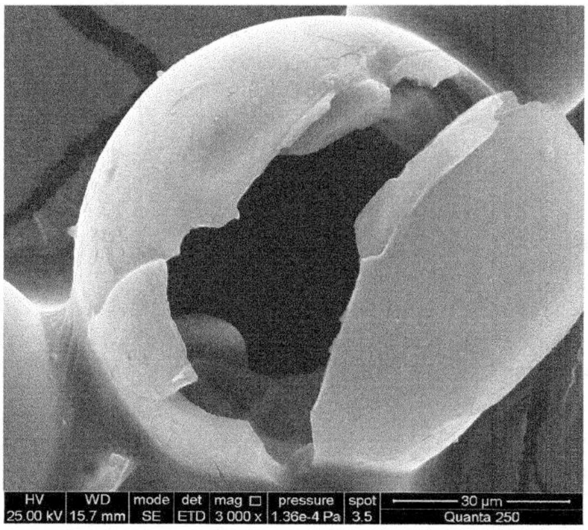

图 6-3　相变微胶囊 S3 扫描电镜图

6.4.2　五水合硫代硫酸钠/聚苯乙烯相变微胶囊的化学结构特性

采用 FTIR 对聚苯乙烯、五水合硫代硫酸钠和五水合硫代硫酸钠/聚苯乙烯相变微胶囊的官能团进行了测试分析，测试结果如图 6-4 所示。从聚苯乙烯的红外光谱图中可以看出，在 3 082 cm^{-1}、3 060 cm^{-1}和 3 025 cm^{-1}处有较强的吸收峰，为═C—H 官能团的伸缩振动峰；在 2 921 cm^{-1}和 2 848 cm^{-1}处的吸收峰为—C—H 官能团的伸缩振动峰；在 1 601 cm^{-1}、1 583 cm^{-1}、1 493 cm^{-1}和 1 452 cm^{-1}处的吸收峰为苯环的振动峰，在 756 cm^{-1}和 696 cm^{-1}处的吸收峰为苯环上 C—H 的表面弯曲振动峰。从五水合硫代硫酸钠的红外光谱图中可以看出，在 3 437 cm^{-1} 处有一个较宽的振动峰，为 O—H 的伸缩振动峰，在 2 164 cm^{-1}、1 657 cm^{-1}、1 166 cm^{-1}、1 120 cm^{-1}、1 003 cm^{-1}、671 cm^{-1} 和 544 cm^{-1} 处均为五水合硫代硫酸钠的特征峰。从五水合硫代硫酸钠/聚苯乙烯相变微胶囊 S3 的红外光谱图中可以看出，相变微胶囊的光谱中包含了聚苯乙烯和五水合硫代硫酸钠的所有特征峰，并且没有其他的特征峰出现。因此可知，溶剂挥发法成功地使聚苯乙烯将五水合硫代硫酸钠进行了包覆。

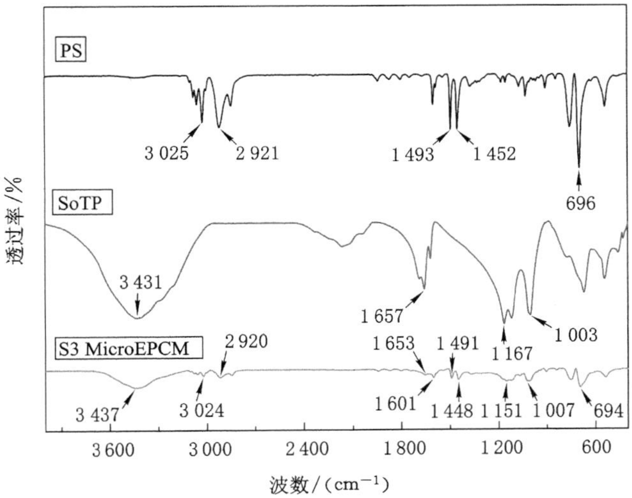

图 6-4　聚苯乙烯、五水合硫代硫酸钠和五水合硫代硫酸钠/聚苯乙烯相变微胶囊的 FTIR 图[35,44]

通过 XRD 对聚苯乙烯、五水合硫代硫酸钠和五水合硫代硫酸钠/聚苯乙烯相变微胶囊的晶体结构进行了测试分析，测试结果如图 6-5 所示。从图中可以看出，壁材聚苯乙烯只在 10°～25°处有一个很宽的衍射峰，这说明聚苯乙烯是非晶体结构。而五水合硫代硫酸钠在 14.6°、15.3°、16.4°、17.6°和 27.4°处均存在衍射峰，说明五水合硫代硫酸钠具有晶体结构。从五水合硫代硫酸钠/聚苯乙烯相变微胶囊 S3 的 XRD 图中可以看出，相变微胶囊包含了壁材聚苯乙烯和芯材五水合硫代硫酸钠的衍射峰，并且没有新的特征峰出现，这说明在通过溶剂挥发法成功地制备出了五水合硫代硫酸钠/聚苯乙烯相变微胶囊，并且没有新的物质产生。

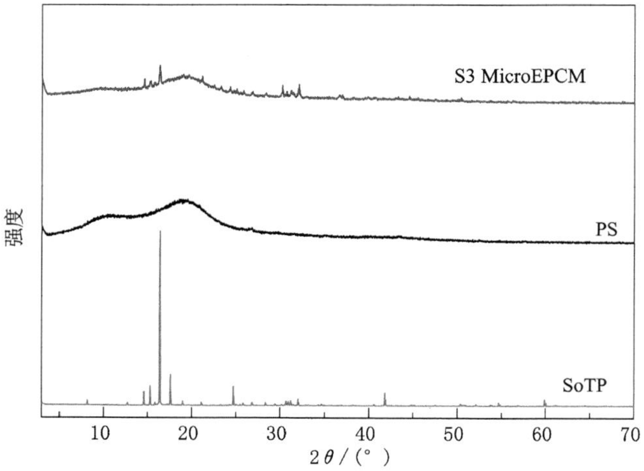

图 6-5 聚苯乙烯、五水合硫代硫酸钠和五水合硫代硫酸钠/聚苯乙烯相变微胶囊的 XRD 图[35,44]

6.4.3 搅拌速率对相变微胶囊形貌和粒径分布的影响

搅拌速率在相变微胶囊制备过程中是一项重要的工艺条件，当乳化剂含量为 0.06 g 时，分别在搅拌转速为 400 r · min^{-1}、600 r · min^{-1}、800 r · min^{-1} 和 1 000 r · min^{-1} 下对五水合硫代硫酸钠/聚苯乙烯相变微胶囊进行了制备，并采用 SEM 对不同转速下制备的相变微胶囊的微观形貌进行了观察，其微观形貌如图 6-6 所示。从图中可以看出，当乳化剂含量为 0.06 g 时，不同搅拌速率下所制备的相变微胶囊均呈规则的球状结构，且表面光滑致密。通过 SEM 图也可发现相变微胶囊的粒径随着搅拌速率的增大，胶囊的粒径有减小的趋势。这是由于搅拌速率不同，芯材液滴分散在体系中的大小也不相同，随着搅拌速率的增大，剪切力也随之增大，芯材在体系中分散的液滴也就越小，从而所制备出的相变微胶囊粒径也就越小。

图 6-7 为不同转速下制备的五水合硫代硫酸钠/聚苯乙烯相变微胶囊 S5［如图 6-7(a)所示］、S3［如图 6-7(b)所示］、S6［如图 6-7(c)所示］和 S7［如图 6-7(d)所示］的粒径分布，从图中可以看出，搅拌速率对相变微胶囊的粒径分布也有很大的影响。当转速为 400 r · min^{-1} 时，相变微胶囊的粒径分布极不均匀，随着搅拌速率的增大粒径分布范围变窄，当转速为 600 r · min^{-1} 时粒径分布最均匀，当超过 600 r · min^{-1} 时粒径分布又开始变得不均匀。结果表明，五水合硫代硫酸钠/聚苯乙烯相变微胶囊的粒径分布随着搅拌速率的增高逐渐变得均匀，当

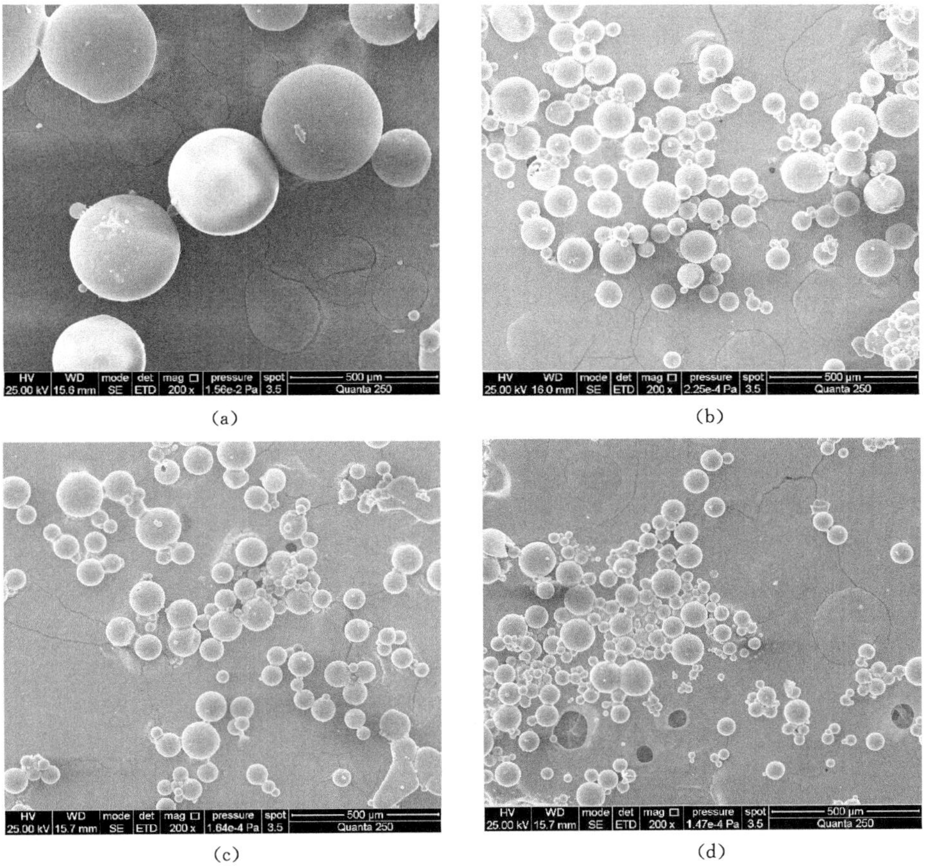

图 6-6　五水合硫代硫酸钠/聚苯乙烯相变微胶囊扫描电镜图

(a) S5;(b) S3;(c) S6;(d) S7

增大到一定的程度继续增大时,粒径分布范围又逐渐变大。

6.4.4　五水合硫代硫酸钠/聚苯乙烯相变微胶囊的相变特性

相变储能材料的相变温度和相变潜热是热能储存应用中的重要性能。通过DSC对聚苯乙烯、五水合硫代硫酸钠以及不同乳化剂含量下制备的五水合硫代硫酸钠/聚苯乙烯相变微胶囊进行了测试,测试结果如图 6-8 所示。

从图 6-8 中可以发现,聚苯乙烯的 DSC 曲线近似一条直线,说明在测试温度范围内壁材没有发生相变行为。五水合硫代硫酸钠的相变温度和相变潜热分别为 49.9 ℃和 218.93 $kJ \cdot kg^{-1}$。相变微胶囊 S1 在测试温度范围内也没有发生相变,说明 S1 中并没有包裹住芯材。相变微胶囊 S2、S3 和 S4 的相变温度分

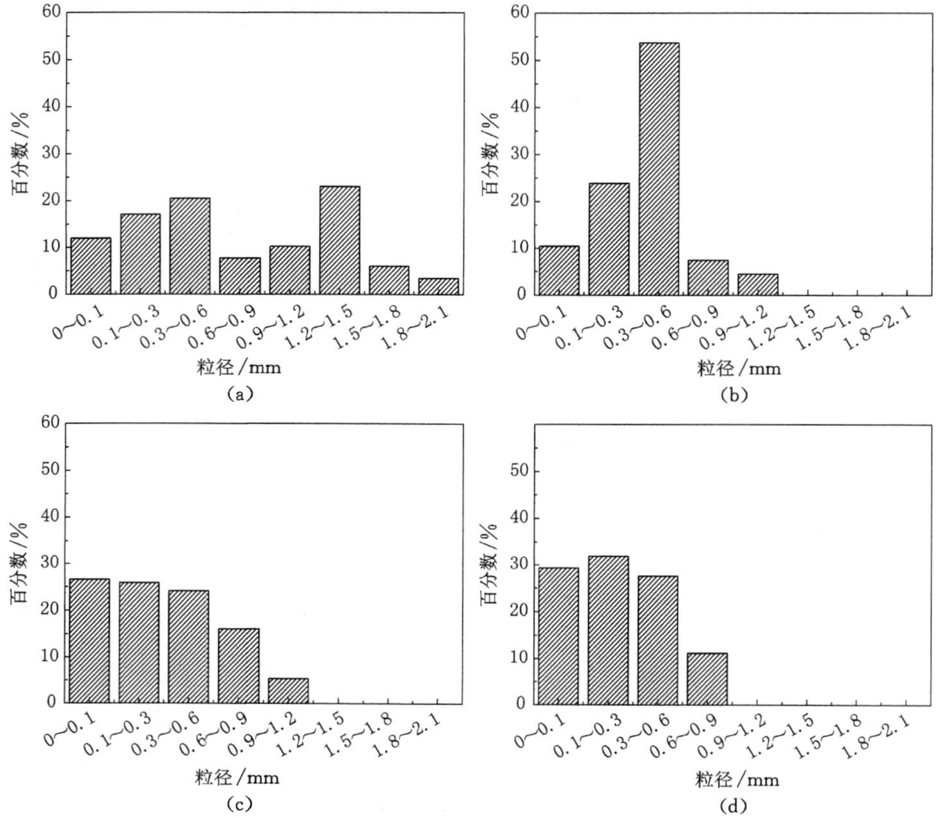

图 6-7　五水合硫代硫酸钠/聚苯乙烯相变微胶囊的粒径分布图

(a) S5;(b) S3;(c) S6;(d) S7

别为 52.1 ℃、49.9 ℃和 48.6 ℃,相变潜热分别为 28.96 $kJ \cdot kg^{-1}$、57.82 $kJ \cdot kg^{-1}$和 41.23 $kJ \cdot kg^{-1}$。经估算,相变微胶囊 S2、S3 和 S4 的包覆率分别为 13.2%、26.4%和 18.8%。结果表明随着乳化剂含量的增大,五水合硫代硫酸钠/聚苯乙烯相变微胶囊的相变温度随之降低,并且相变微胶囊的相变潜热随着乳化剂添加含量的增加先增大后减小。

6.4.5　五水合硫代硫酸钠/聚苯乙烯相变微胶囊的热稳定性

采用 TG 对聚苯乙烯、五水合硫代硫酸钠和五水合硫代硫酸钠/聚苯乙烯相变微胶囊的热稳定性进行了测试,测试结果如图 6-9 所示。

从图 6-9 中可以看出,聚苯乙烯在测试温度范围内质量损失很少,说明聚苯乙烯的性能比较稳定。而五水合硫代硫酸钠在 50 ℃质量开始减少,说明芯材受

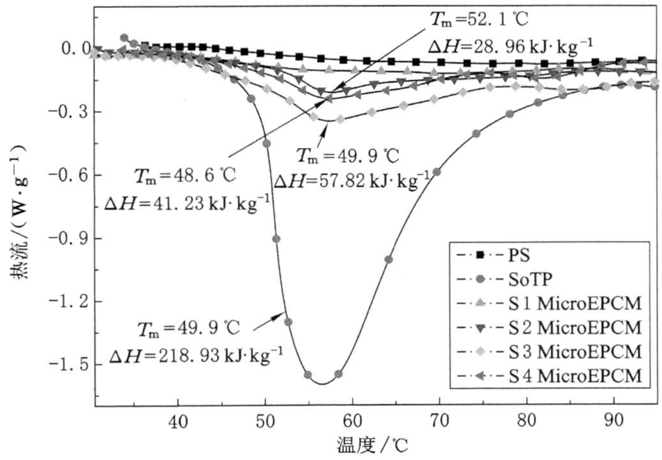

图 6-8　聚苯乙烯、五水合硫代硫酸钠和五水合硫代硫酸钠/聚苯乙烯相变微胶囊的 DSC 图

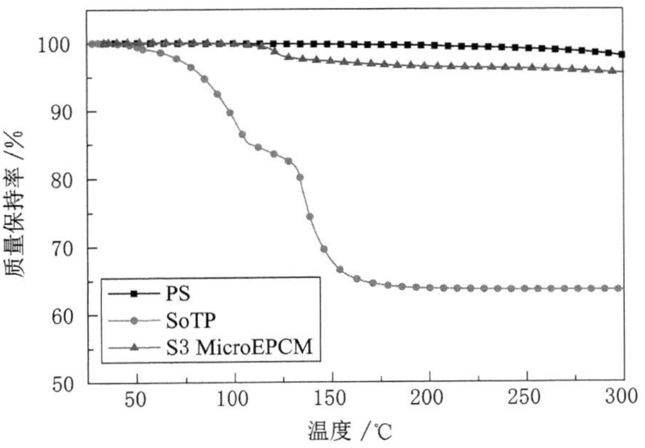

图 6-9　聚苯乙烯、五水合硫代硫酸钠和五水合硫代硫酸钠/聚苯乙烯相变微胶囊的 TG 图

热开始发生分解，芯材中的结晶水随着温度的升高逐渐析出并蒸发，当温度到达 160 ℃左右时，由于结晶水完全挥发，重量不再减少。而五水合硫代硫酸钠/聚苯乙烯相变微胶囊从室温至 110 ℃左右并没有发生质量损失，说明在这温度范围内热稳定性较好，表明了壁材聚苯乙烯有效地防止了结晶水的蒸发。而当温度超过 110 ℃左右之后，相变微胶囊也开始发生质量损失，说明由于温度过高，结晶水变成蒸汽，随着温度升高蒸汽压逐渐增大导致壁材聚苯乙烯破裂，结晶水从相变微胶囊内蒸发造成质量损失。但是相变微胶囊的相变温度在 49 ℃左右，实际应用温度通常低于 110 ℃，因此相变微胶囊的热稳定性能够满足实际应用

的需求。

6.4.6 五水合硫代硫酸钠/聚苯乙烯相变微胶囊的导热性能

采用导热系数测试仪对五水合硫代硫酸钠和五水合硫代硫酸钠/聚苯乙烯相变微胶囊在不同温度下的导热系数进行了测试，测试结果如图 6-10 所示。五水合硫代硫酸钠在 20 ℃、25 ℃、30 ℃、35 ℃的导热系数分别为 0.603 5 $W \cdot m^{-1} \cdot K^{-1}$、0.543 5 $W \cdot m^{-1} \cdot K^{-1}$、0.490 5 $W \cdot m^{-1} \cdot K^{-1}$、0.408 3 $W \cdot m^{-1} \cdot K^{-1}$。五水合硫代硫酸钠/聚苯乙烯相变微胶囊 S3 在 20 ℃、25 ℃、30 ℃、35 ℃的导热系数分别为 0.516 2 $W \cdot m^{-1} \cdot K^{-1}$、0.475 4 $W \cdot m^{-1} \cdot K^{-1}$、0.439 3 $W \cdot m^{-1} \cdot K^{-1}$、0.368 8 $W \cdot m^{-1} \cdot K^{-1}$。从测试结果中可以看出，五水合硫代硫酸钠和相变微胶囊 S3 的导热系数均随着温度的升高而降低。在同一温度下，相变微胶囊 S3 的导热系数始终低于五水合硫代硫酸钠。虽然五水合硫代硫酸钠经微胶囊化后增大了传热面积，但是聚苯乙烯导热系数较低，从而导致相变微胶囊的导热系数低于五水合硫代硫酸钠。

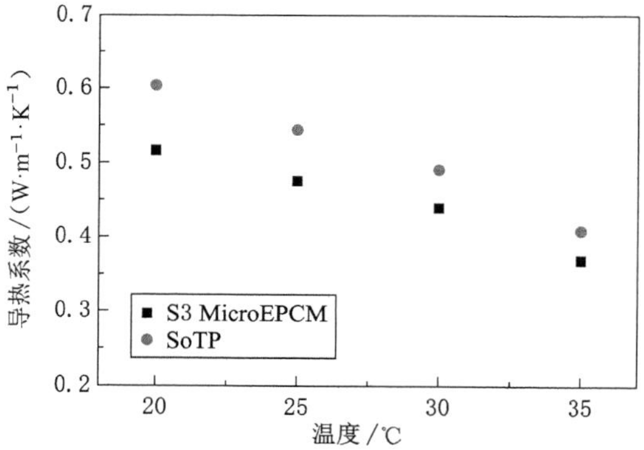

图 6-10 五水合硫代硫酸钠和五水合硫代硫酸钠/聚苯乙烯相变微胶囊的导热系数

6.5 本章小结

本章以五水合硫代硫酸钠为芯材，聚苯乙烯为壁材，采用溶剂挥发法成功地制备出了五水合硫代硫酸钠/聚苯乙烯相变微胶囊。并对不同乳化剂含量和搅拌速率下制备的相变微胶囊微观形貌、相变温度、相变潜热、粒径分布、热稳定性等物性参数进行了测试分析，主要结论如下：

(1) 所制备的五水合硫代硫酸钠/聚苯乙烯相变微胶囊相变微胶囊均成规则的球状结构，且表面光滑紧凑。乳化剂含量对相变微胶囊的形貌和粒径有很大的影响，随着乳化剂含量的增大，相变微胶囊的粒径有先减小后增大的趋势；同时粒径分布范围随着搅拌速率的增高逐渐减小，当增大到一定的程度继续增大时，粒径分布范围又逐渐变大。

（2）乳化剂的含量对五水合硫代硫酸钠/聚苯乙烯相变微胶囊相变微胶囊的相变温度和相变潜热也有较大的影响，随着乳化剂含量的增大，相变微胶囊的相变温度也随之降低；而相变微胶囊的相变潜热则随着乳化剂含量的增加呈现出先增大后减小的规律。当乳化剂添加含量为 0.06 g 时，相变温度和相变潜热分别为 49.9 ℃和 57.82 $kJ \cdot kg^{-1}$，其包覆率为 26.4％。

第7章 五水合硫代硫酸钠/二氧化硅相变微胶囊及其热性能

7.1 引 言

从七水合硫酸镁/脲醛树脂、五水合硫代硫酸钠/聚苯乙烯相变微胶囊的制备和性能表征的研究中发现，尽管相变储能材料经微胶囊封装后增大了芯材的传热面积，但使用的壁材脲醛树脂和聚苯乙烯的导热系数较低，导致所制备的这两种相变微胶囊的导热系数均低于芯材。因此，若要获得更高导热性能的相变微胶囊，应使用导热性能更佳的壁材用于相变胶囊的封装。

目前，常作为相变微胶囊壁材的材料主要有聚苯乙烯、脲醛树脂、密胺树脂等高分子材料以及二氧化硅、碳酸钙等无机材料[52]。在这些材料中，以二氧化硅导热系数较高。罗瑞涟[53]以石蜡为芯材、二氧化硅为壁材，采用溶胶凝胶法制备出了石蜡/二氧化硅相变微胶囊。祝亚林等[54]采用细乳液聚合法，通过有机硅烷前驱体的水解和缩聚反应制备出了正十八/二氧化硅相变纳胶囊。Song等[55]以癸酸-硬脂酸为芯材、二氧化硅为壁材，采用乳液聚合法制备了癸酸-硬脂酸/二氧化硅相变微胶囊。Latibari等[56]以棕榈酸为芯材、二氧化硅为壁材，采用溶胶凝胶法制备了棕榈酸/二氧化硅相变纳米胶囊；当棕榈酸经二氧化硅包覆后，导热系数从0.26 W/(m·K)提高到了0.77 W/(m·K)，导热系数有了明显的提升。尽管二氧化硅作为壁材制备相变微胶囊已经有了很多的研究，但以往的文献研究中多以有机相变储能材料为芯材制备微胶囊，而针对无机水合盐类相变储能材料为芯材的相变微胶囊方面的研究却鲜有报道。

因此，本章仍选择相变潜热和导热系数相对较大的五水合硫代硫酸钠相变储能材料为芯材、二氧化硅为壁材，采用溶胶凝胶法进行五水合硫代硫酸钠/二氧化硅相变微胶囊的制备。并对不同乳化剂含量、芯材与壁材质量比、搅拌速率等制备工艺条件对五水合硫代硫酸钠/二氧化硅相变微胶囊的微观相貌、相变温度、相变潜热、粒径分布、热稳定性、过冷特性和导热系数等物性参数的影响规律进行研究。

7.2　五水合硫代硫酸钠/二氧化硅相变微胶囊的制备

7.2.1　溶剂挥发法制备五水合硫代硫酸钠/二氧化硅相变微胶囊的原理

本章以五水合硫代硫酸钠为芯材、二氧化硅为壁材，选用正硅酸四乙酯作为合成二氧化硅的原料，采用溶胶凝胶法来制备相变微胶囊，制备流程如图 7-1 所示。在制备五水合硫代硫酸钠/二氧化硅相变微胶囊时，利用表面活性剂将正硅酸四乙酯生成的硅前驱体分散在五水合硫代硫酸钠液滴的表面，通过控制反应条件使硅前驱体在芯材液滴表面进一步发生缩聚反应，从而制备出五水合硫代硫酸钠/二氧化硅相变微胶囊。正硅酸四乙酯发生水解缩聚反应的化学表达式如下：

水解化学反应式：

$$(C_2H_5O)_3Si—OC_2H_5+H_2O \longrightarrow (C_2H_5O)_3Si—OH+C_2H_5OH$$

失水缩聚化学反应式：

$$(C_2H_5O)_3Si—OH + HO—Si(OC_2H_5)_3 \longrightarrow (C_2H_5O)_3Si—O—Si(OC_2H_5O)_3+H_2O$$

失醇缩聚化学反应式：

$$(C_2H_5O)_3Si—OC_2H_5 + HO—Si(OC_2H_5)_3 \longrightarrow (C_2H_5O)_3Si—O—Si(OC_2H_5O)_3+C_2H_5OH$$

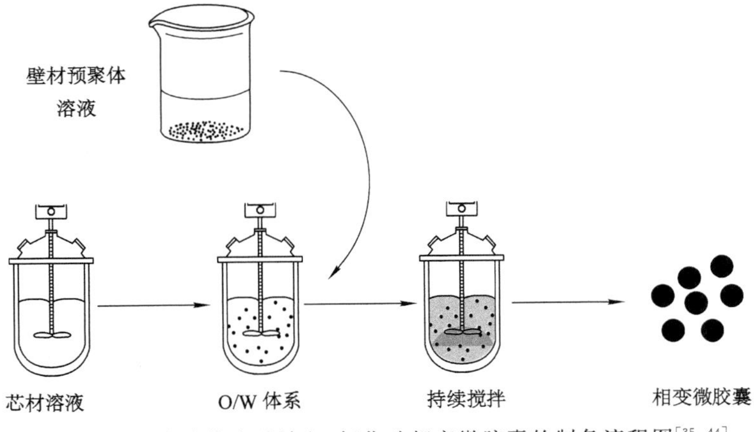

图 7-1　五水合硫代硫酸钠/二氧化硅相变微胶囊的制备流程图[35,44]

7.2.2 实验药品与试剂

本章中制备五水合硫代硫酸钠/二氧化硅相变微胶囊所使用的主要原材料及试剂如表 7-1 所示。

表 7-1 制备五水合硫代硫酸钠/二氧化硅相变微胶囊的主要原料及规格

原料及试剂	英文缩写	规格	生产厂家
五水合硫代硫酸钠	SoTP	AR	西陇化工股份有限公司
正硅酸四乙酯	TEOS	AR	国药集团化学试剂有限公司
十二烷基硫酸钠	SDS	AR	国药集团化学试剂有限公司
环己烷	—	AR	国药集团化学试剂有限公司
正戊醇	—	AR	国药集团化学试剂有限公司
3-氨丙基三乙氧基硅烷	APTS	AR	阿拉丁试剂
无水乙醇	—	AR	国药集团化学试剂有限公司
去离子水	—	高纯水	实验室自制

7.2.3 实验仪器与设备

本章中五水合硫代硫酸钠/二氧化硅相变微胶囊的制备及性能测试所使用的主要仪器及设备如表 7-2 所示。

表 7-2 用于五水合硫代硫酸钠/二氧化硅相变微胶囊制备及性能测试的主要仪器及生产厂家

仪器名称	型号	生产厂家
数显磁力搅拌器	MS-H280-PRO	大龙兴创实验仪器(北京)有限公司
数显电子恒温水浴锅	HH-2	常州国华电器有限公司
超声波细胞粉碎机	scientz-IID	上海科导超声仪器有限公司
通风橱	定制	安徽杰克欧德实验室设备有限公司
干燥箱	DHG-9076A	上海精宏实验设备有限公司
电子天平	FA2004	上海舜宇恒平科学仪器有限公司
实验室超净水机	R0-20	南京前沿仪器设备有限公司
数据采集器	34970A	安捷伦科技有限公司
傅立叶红外光谱(FTIR)	Tensor II	美国布鲁克·道尔顿公司
扫描电子显微镜(SEM)	ZEISS evo18	德国卡尔蔡司

续表 7-2

仪器名称	型号	生产厂家
X 射线光电子能谱仪(XPS)	ESCALAB 250Xi	美国赛默飞世尔科技
导热系数测试仪	DRL-III	湘潭市仪器仪表有限公司
差示扫描量热仪(DSC)	DSC1/400	梅特勒一托利多
透射电子显微镜(TEM)	Tecnai G2 F20 S-TWIN	美国 FEI 公司
X 射线衍射仪(XRD)	DX-2700	丹东浩元仪器有限公司
红外热成像仪	TI200	美国福禄克公司
热重分析仪(TG)	Labsys Evo	法国塞塔拉姆仪器公司

7.2.4　五水合硫代硫酸钠/二氧化硅相变微胶囊制备的工艺流程

在五水合硫代硫酸钠/二氧化硅相变微胶囊的制备过程中，首先将一定量的芯材五水合硫代硫酸钠与 25 mL 去离子水混合，并在密封的环境下置于恒温水浴锅中，在 60 ℃下恒温加热直至五水合硫代硫酸钠完全溶解，得到均匀溶液。然后将一定量的乳化剂十二烷基硫酸钠(SDS)与上述溶液混合，并将其置于磁力搅拌器中以一定的转速搅拌持续 20 min，再将其置于超声波细胞粉碎机中超声分散 20 min，在搅拌与超声的过程中温度始终保持在 60 ℃。超声结束后将上述溶液置于磁力搅拌器中以一定的转速持续搅拌，然后依次加入 25 mL 环己烷、5mL 戊醇和一定量的正硅酸四乙酯，并继续磁力搅拌 30 min，形成均匀 W/O 体系的溶液后，再向溶液中滴加 3-氨丙基三乙氧基硅烷(APTS)，并将溶液的 pH 调至 10。随后在 60 ℃温度条件下以一定的转速持续搅拌 12 h 便得到含有五水合硫代硫酸钠/二氧化硅相变微胶囊的乳液。最后，将所得产物进行离心、洗涤、干燥，得到五水合硫代硫酸钠/二氧化硅相变微胶囊。

在五水合硫代硫酸钠/二氧化硅相变微胶囊的制备中，调整了多种制备工艺条件来制备不同芯材与壁材质量比、乳化剂含量以及搅拌速率等条件下的相变微胶囊。当改变某一相变微胶囊制备变量时，其他制备条件则保持一致，具体制备五水合硫代硫酸钠/二氧化硅相变微胶囊的工艺条件如表 7-3 所示。

表 7-3　　五水合硫代硫酸钠/二氧化硅相变微胶囊的制备配方

样品	SoTP(g)	TEOS(g)	SDS(g)	搅拌速率/($r \cdot min^{-1}$)	芯材、壁材、乳化剂质量比
S1	20	8	0.2	600	1∶0.4∶0.01
S2	20	8	0.4	600	1∶0.4∶0.02
S3	20	8	0.8	600	1∶0.4∶0.04

续表 7-3

样品	SoTP(g)	TEOS(g)	SDS(g)	搅拌速率/(r·min^{-1})	芯材、壁材、乳化剂质量比
S4	20	8	1.2	600	1∶0.4∶0.06
S5	20	8	1.6	600	1∶0.4∶0.08
S6	20	4	0.8	600	1∶0.2∶0.04
S7	20	6	0.8	600	1∶0.3∶0.04
S8	20	10	0.8	600	1∶0.5∶0.04
S9	20	12	0.8	600	1∶0.6∶0.04
S10	20	8	0.8	200	1∶0.4∶0.04
S11	20	8	0.8	400	1∶0.4∶0.04
S12	20	8	0.8	800	1∶0.4∶0.04
S13	20	8	0.8	1 000	1∶0.4∶0.04

7.3 五水合硫代硫酸钠/二氧化硅相变微胶囊的性能表征

7.3.1 FTIR 测试

采用 VERTEX 80v 型 FTIR 对五水合硫代硫酸钠、二氧化硅和五水合硫代硫酸钠/二氧化硅相变微胶囊的官能团组成进行测试，测试范围为 4 000～400 cm^{-1}。

7.3.2 XRD 测试

采用 DX-2700 型 XRD 对五水合硫代硫酸钠、二氧化硅和五水合硫代硫酸钠/二氧化硅相变微胶囊的晶相进行测试，扫描速率为 5° 2θ/min，测试电压为 40 kV，测试电流为 30 mA。

7.3.3 元素测试分析

采用 ZEISS evo18 型 SEM 中的能量色散 X 射线光谱分析模块和 ESCALAB 250Xi 型 XPS 对五水合硫代硫酸钠/二氧化硅相变微胶囊的元素进行测试。

7.3.4 微观形貌表征

采用 ZEISS evo18 型 SEM 观察不同乳化剂含量、芯材与壁材质量比、搅拌速率等条件下制备的五水合硫代硫酸钠/二氧化硅相变微胶囊的微观形貌。将所制备的相变微胶囊均匀分散至无水乙醇中，然后将分散液滴到载玻片上，待无水乙醇挥发后，用导电双面胶将相变微胶囊黏附到样品盘上，并在微胶囊表面喷金。

7.3.5 透射电子显微镜(TEM)测试

采用 Tecnai G2 F20 S-TWIN 型 TEM 对五水合硫代硫酸钠/二氧化硅相变微胶囊的微观形貌进行观察。将一定量相变微胶囊通过超声分散在无水乙醇中，然后用铜网打捞后制样。

7.3.6 相变特性测试

采用 DSC 1/400 测试仪对五水合硫代硫酸钠和不同乳化剂含量、芯材与壁材质量比、搅拌速率等条件下制备的五水合硫代硫酸钠/二氧化硅相变微胶囊的相变温度和相变潜热进行测试。测量范围为 −40～60 ℃，升温和降温速率均为 2 ℃/min，样品重量为 5～10 mg，且用氮气氛围保护。该仪器热流的测量精度为 ±0.1 μW，温度的测量精度为 ±0.01 ℃。

7.3.7 热稳定性测试

采用 Labsys Evo 型 TG 对五水合硫代硫酸钠/二氧化硅相变微胶囊的热稳定性进行测试，测试温度范围为 30～200 ℃，升温速率为 5 ℃/min，氮气氛围，流量为 30 $mL \cdot min^{-1}$。

7.3.8 过冷度测试

采用如图 7-2 所示的过冷度测试实验台对五水合硫代硫酸钠和五水合硫代硫酸钠/二氧化硅相变微胶囊的过冷度进行测试。该过冷度测试系统主要包括恒温水浴箱、试管、热电偶、数据采集器和计算机。在过冷度的测试过程中，首先将 10 g 的五水合硫代硫酸钠或五水合硫代硫酸钠/二氧化硅相变微胶囊置于试管中，并在试管中布置 K 型热电偶用来采集试管中待测材料的温度，然后将试管置于恒温水浴箱中并将其温度加热至 55 ℃恒温一段时间后，将试管置于 10 ℃的恒温水浴中，并用温度数据采集器(数据采集的时间间隔为 1 s)对五水合硫代硫酸钠和相变微胶囊的冷却过程的温度进行采集，得到冷却过程温度随时间的变化关系，从而得出五水合硫代硫酸钠和相变微胶囊的过冷度。

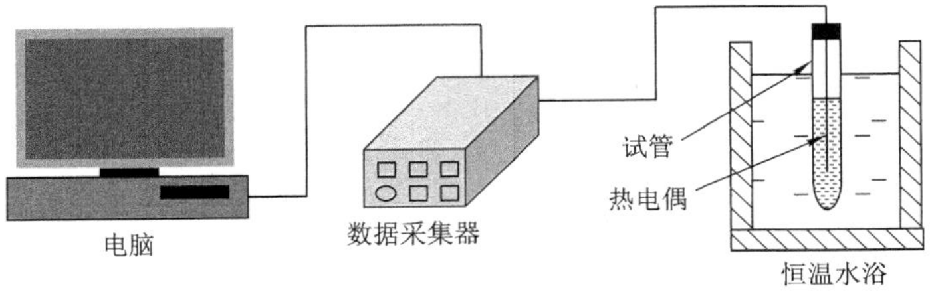

图 7-2　过冷度测试实验台

7.3.9 导热系数测试

采用 DRL-III 型导热系数测试仪对五水合硫代硫酸钠和五水合硫代硫酸

钠/二氧化硅相变微胶囊的导热系数进行测试。样品为直径 30 mm、厚约 5 mm 的圆片，测试温度为 20 ℃、25 ℃、30 ℃和 35 ℃。每个样品重复测试三次取其平均值。该导热系数测试仪的误差为±3%。

7.4 五水合硫代硫酸钠/二氧化硅相变微胶囊的物性测试结果与分析

7.4.1 五水合硫代硫酸钠/二氧化硅相变微胶囊的化学结构特性

采用 FTIR 对壁材二氧化硅、芯材五水合硫代硫酸钠和不同芯壁比下制备的五水合硫代硫酸钠/二氧化硅相变微胶囊的官能团进行了测试分析，测试结果如图 7-3 所示。从二氧化硅的红外光谱图中可以看出，在 3 447 cm^{-1}处有较强的吸收峰，为硅烷醇基团的伸缩振动峰；在 1 102 cm^{-1}处的吸收峰为 Si—O—Si 官能团的不对称伸缩振动峰；在 470 cm^{-1}处的吸收峰为 Si—O—Si 官能团的弯曲振动峰。在五水合硫代硫酸钠的红外光谱图中，在 3 448 cm^{-1}处的吸收峰为 O—H 官能团的伸缩振动峰；在 1 657 cm^{-1}、1 120 cm^{-1}、1 003 cm^{-1}和 671 cm^{-1}处的吸收峰均为 SoTP 处的特征峰。从不同芯壁比下制备的五水合硫代硫酸钠/二氧化硅相变微胶囊的红外光谱图中可以看出，在 3 395 cm^{-1}、1 646 cm^{-1}、1 134 cm^{-1}、1 001 cm^{-1}、670 cm^{-1}和 472 cm^{-1}处有较强的吸收峰，这些吸收峰包含了二氧化硅和五水合硫代硫酸钠的特征峰，表明所制备的相变微胶囊含有二氧化硅和五水合硫代硫酸钠。

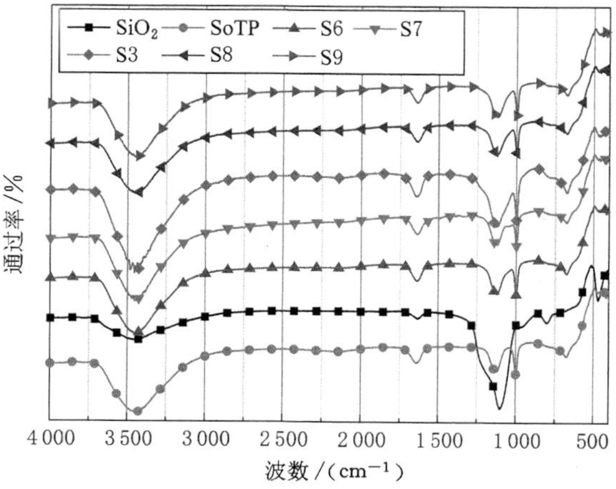

图 7-3 二氧化硅、五水合硫代硫酸钠和五水合硫代硫酸钠/二氧化硅相变微胶囊的 FTIR 图

壁材二氧化硅、芯材五水合硫代硫酸钠和不同芯壁比下制备的五水合硫代硫酸钠/二氧化硅相变微胶囊的 XRD 如图 7-4 所示。从二氧化硅的 XRD 图中并没有看到明显的衍射峰，说明二氧化硅为非晶体结构。五水合硫代硫酸钠在 16.6°、21.3°和 26°处有较强的衍射峰，说明五水合硫代硫酸钠为晶体结构。在五水合硫代硫酸钠/二氧化硅相变微胶囊的 XRD 图中可以看出，相变微胶囊的衍射峰包含了五水合硫代硫酸钠的衍射峰，说明相变微胶囊中含有芯材。但是在微胶囊的 XRD 图中有新的衍射峰出现，这可能是由于在五水合硫代硫酸钠/二氧化硅相变微胶囊制备过程中 3-氨丙基三乙氧基硅烷、十二烷基硫酸钠、环己烷或正戊醇等物质的残留所造成的。

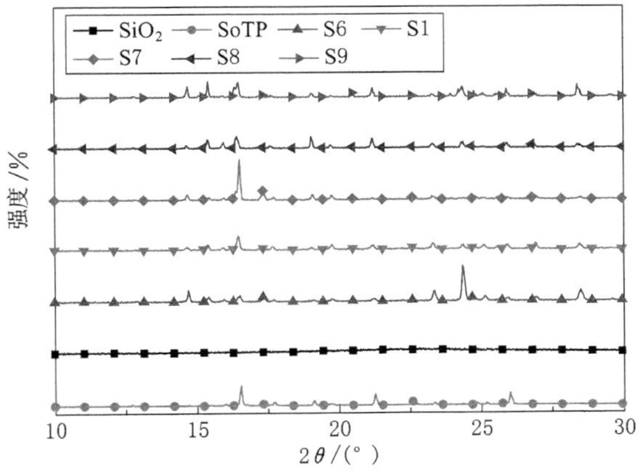

图 7-4　二氧化硅、五水合硫代硫酸钠和五水合硫代硫酸钠/二氧化硅相变微胶囊的 XRD 图

五水合硫代硫酸钠/二氧化硅相变微胶囊 S3 的 EDX 和 XPS 测试结果分别如图 7-5 和图 7-6 所示。从 EDX 的测试图中可以看出，五水合硫代硫酸钠/二氧化硅微胶囊中含有氧、钠、硅和硫元素，其中氧、钠和硫为芯材 SoTP 的组成元素，硅和氧为壁材二氧化硅的组成元素。在五水合硫代硫酸钠/二氧化硅相变微胶囊的 XPS 的测试中同样也检测到了氧、钠、硅和硫这四种元素的存在。但是除了上述四种元素之外，还检测到了碳和氮两种元素，这也表明了在微胶囊中存在 3-氨丙基三乙氧基硅烷、十二烷基硫酸钠、环己烷或正戊醇等添加物的残留。但在 EDX 中并未检测到碳和氮这两种元素，是因为添加物的残留量较少，而 EDX 的检测精度低于 XPS。综上所述，从 FTIR、XRD、EDX 和 XPS 的测试结果表明，以五水合硫代硫酸钠为芯材、二氧化硅为壁材，通过溶胶凝胶法成功地制备出了五水合硫代硫酸钠/二氧化硅相变微胶囊。

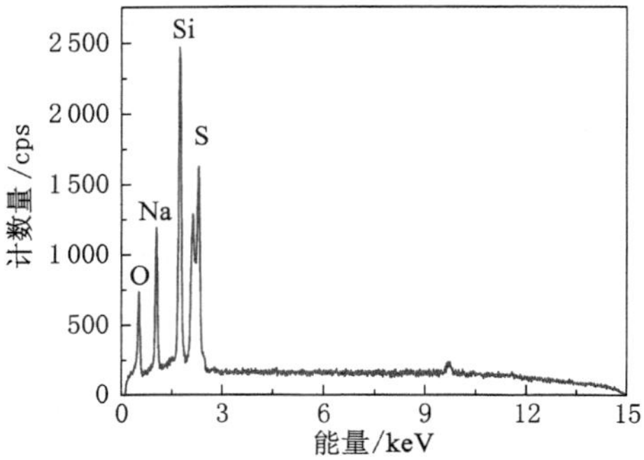

图 7-5　五水合硫代硫酸钠/二氧化硅相变微胶囊 S3 的 EDX 图[35，44]

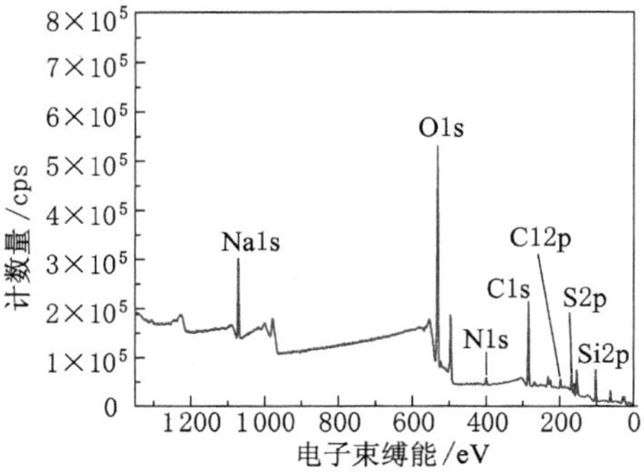

图 7-6　五水合硫代硫酸钠/二氧化硅相变微胶囊 S3 的 XPS 图[35，44]

7.4.2　五水合硫代硫酸钠/二氧化硅相变微胶囊的微观形貌

采用 SEM 对不同芯材与壁材质量比、不同乳化剂添加量以及搅拌速率条件下所制备的五水合硫代硫酸钠/二氧化硅相变微胶囊的微观形貌进行了观察。

不同芯壁比条件下制备的五水合硫代硫酸钠/二氧化硅相变微胶囊的微观形貌如图 7-7 所示。从图 7-7(a)和(b)中看出，相变微胶囊 S6 和 S7 呈现不规则形状，说明当芯材和壁材比例为 1：0.2 和 1：0.3 时并不能制备出形状很规则的相变微胶囊。当芯壁比为 1：0.4 时(微胶囊 S3)，所制备的相变微胶囊具有规则的球状结构，且表面光滑致密，粒径分布相对均匀。当芯壁比为 1：05(微胶囊 S8)和 1：0.6(微胶囊 S9)时，所制备的相变微胶囊也呈现表面光滑致密、规则的球形结构，但粒径分布相对于相变微胶囊 S3 较差。芯壁比对相变微胶囊的形貌和粒径分布有很大影响，当芯壁比在 1：0.2～0.6 范围内，随着芯壁比的减小，相变微胶囊从不规则形状逐渐呈现出规则的球状结构，芯壁比为 1：0.4 时，所制备出的相变微胶囊形貌和粒径分布最佳。

不同乳化剂添加含量条件下所制备的五水合硫代硫酸钠/二氧化硅相变微胶囊的微观形貌如图 7-8 所示。从图中可以看出，乳化剂添加量对相变微胶囊的形貌影响较大。当芯材与乳化剂的质量比分别为 1：0.01(微胶囊 S1)、1：0.02(微胶囊 S2)、1：0.04(微胶囊 S3)和 1：0.06(微胶囊 S4)时，所制备的相变微胶囊均呈规则的球形结构，且表面光滑紧凑，且胶囊之间团聚现象较少。当芯材与乳化剂的质量比为 1：0.08(微胶囊 S5)时，从图中可以看出有部分相变微胶囊呈现出不规则形状。并且随着乳化剂添加含量的增大，相变微胶囊越容易发生团聚现象。因此在制备相变微胶囊时，应选择合适的乳化剂添加含量。

不同搅拌速率条件下制备的五水合硫代硫酸钠/二氧化硅相变微胶囊的微观形貌如图 7-9 所示。从图中可以看出搅拌速率对相变微胶囊的形貌和粒径有

图 7-7　不同芯壁比条件下制备的五水合硫代硫酸钠/二氧化硅相变微胶囊的 SEM 图

(a) S6；(b) S7；(c) S3；(d) S8；(e) S9[35, 44]

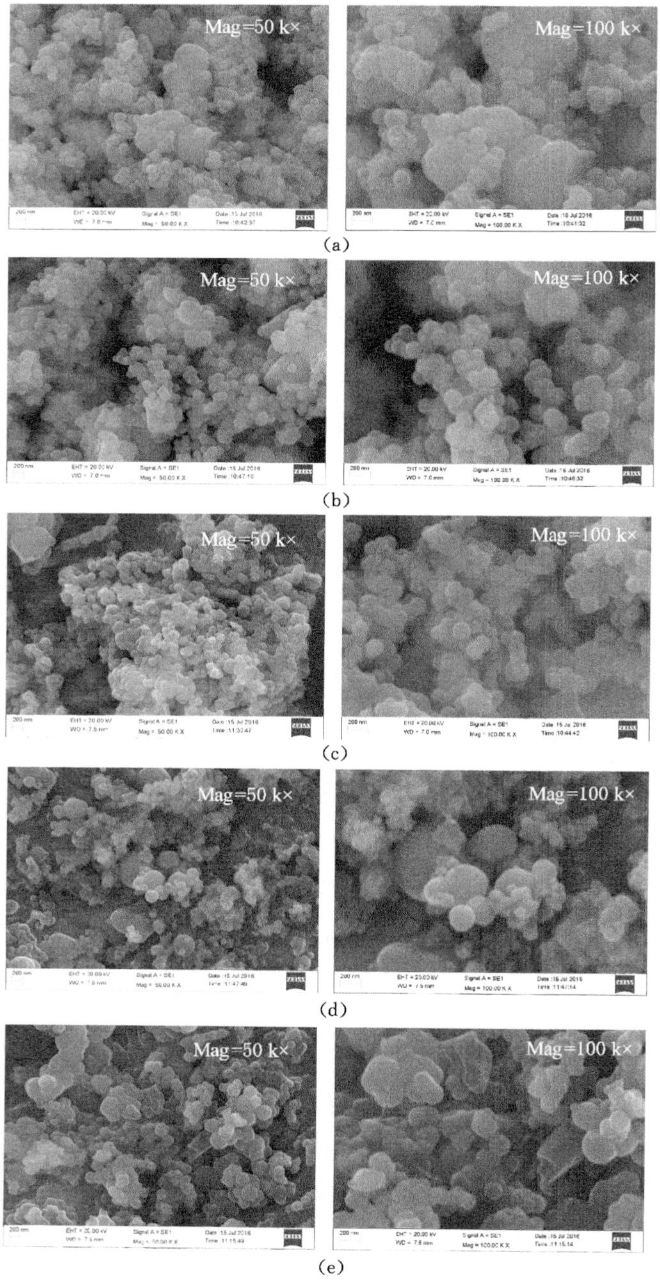

图 7-8　不同乳化剂添加量下制备的五水合硫代硫酸钠/二氧化硅相变微胶囊的 SEM 图

(a) S1;(b) S2;(c) S3;(d) S4;(e) S5

图 7-9　不同搅拌速率下制备的五水合硫代硫酸钠/二氧化硅相变微胶囊的 SEM 图

(a) S10;(b) S11;(c) S3;(d) S12;(e) S13[35, 44]

很大的影响。当搅拌速率为 200 r·min^{-1}(微胶囊 S10)时,所制备的相变微胶囊呈不规则形状,并且发生严重团聚。当搅拌速率为 400 r·min^{-1}(微胶囊 S11)、600 r·min^{-1}(微胶囊 S3)、800 r·min^{-1}(微胶囊 S12)和 1 000 r·min^{-1}(微胶囊 S13)时,所制备的相变微胶囊呈规则的球状结构,且表面光滑致密,但相变微胶囊 S11 和 S12 中有部分相变微胶囊发生团聚,相变微胶囊 S13 粒径分布极不均匀。因此,搅拌速率在 200～1 000 r·min^{-1}范围内,当搅拌速率为 600 r·min^{-1}时所制备的相变微胶囊粒径分布最均匀。

采用 TEM 对形貌呈规则球状结构且粒径分布均匀的五水合硫代硫酸钠/二氧化硅相变微胶囊 S3 进行了测试,其 TEM 测试图如图 7-10 所示。从图 7-10(a)可明显看出相变微胶囊呈球状结构,且胶囊的中心呈黑色,而胶囊的边缘处呈现灰色。从图 7-10(b)中发现胶囊的边缘处存在两种不同的晶体结构,这表明壁材二氧化硅将芯材五水合硫代硫酸钠进行了较好的包覆。

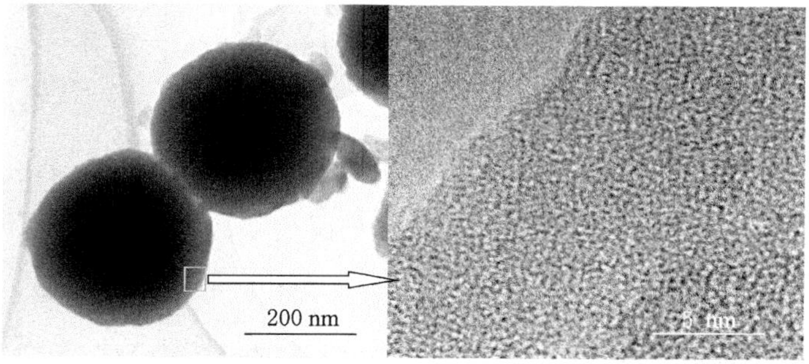

(a) (b)

图 7-10　五水合硫代硫酸钠/二氧化硅相变微胶囊 S3 的 TEM 图

7.4.3　五水合硫代硫酸钠/二氧化硅相变微胶囊的相变特性

采用 DSC 对五水合硫代硫酸钠和不同芯壁比条件下制备的五水合硫代硫酸钠/二氧化硅相变微胶囊的相变温度和相变潜热进行了测试。其 DSC 测试数据如表 7-4 所示。五水合硫代硫酸钠和五水合硫代硫酸钠/二氧化硅相变微胶囊熔化过程的 DSC 曲线如图 7-11 所示。

表 7-4　五水合硫代硫酸钠与不同芯壁比条件下制备的五水合硫代硫酸钠/二氧化硅相变微胶囊的 DSC 测试数据

样品	熔化过程		凝固过程		包覆率/%
	相变温度/℃	相变潜热/(kJ·kg^{-1})	相变温度/℃	相变潜热/(kJ·kg^{-1})	
STP	47.76	210.74	—	—	
S3	47.26	149.82	−25.08	79.97	71.09

续表 7-4

样品	熔化过程		凝固过程		包覆率/%
	相变温度/℃	相变潜热/($kJ \cdot kg^{-1}$)	相变温度/℃	相变潜热/($kJ \cdot kg^{-1}$)	
S6	47.66	199.47	−18.68	105.03	94.65
S7	47.69	189.46	−15.56	75.2	89.9
S8	46.41	130.78	−20.67	69.1	62.06
S9	47.25	127.62	−25.24	32.18	60.56

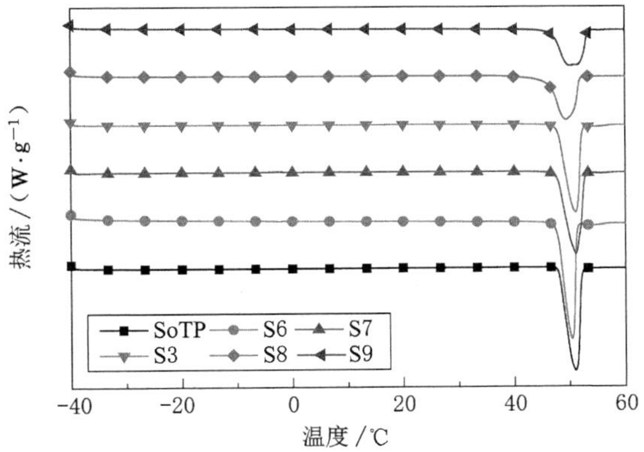

图 7-11　五水合硫代硫酸钠与不同芯壁比条件下制备的五水合硫代硫酸钠/二氧化硅相变微胶囊熔化过程的 DSC 图

五水合硫代硫酸钠的相变温度和相变潜热分别为 47.76 ℃和 210.74 $kJ \cdot kg^{-1}$。五水合硫代硫酸钠/二氧化硅相变微胶囊 S6、S7、S3、S8 和 S9 的相变温度分别为 47.26 ℃、47.66 ℃、47.69 ℃、46.41 ℃和 47.25 ℃。五水合硫代硫酸钠/二氧化硅相变微胶囊熔化过程的相变温度与五水合硫代硫酸钠的相近。相变微胶囊 S6、S7、S3、S8 和 S9 熔化过程的相变潜热分别为 199.47 $kJ \cdot kg^{-1}$、189.06 $kJ \cdot kg^{-1}$、149.46 $kJ \cdot kg^{-1}$、130.78 $kJ \cdot kg^{-1}$和 127.62 $kJ \cdot kg^{-1}$。由于在五水合硫代硫酸钠的相变温度区间内，二氧化硅没有相变潜热。经估算微胶囊 S6、S7、S3、S8 和 S9 的包覆率分别为 94.65%、89.9%、71.09%、62.06%和 60.56%。结果表明，微胶囊中 SoTP 的包覆率随着芯壁比的减小而降低。

五水合硫代硫酸钠与不同芯壁比条件下制备的五水合硫代硫酸钠/二氧化硅相变微胶囊结晶过程的 DSC 曲线如图 7-12 所示。从图中可以看出，五水合硫代硫酸钠在冷却过程中并没有发生相变，说明五水合硫代硫酸钠存在严重的过冷现象。相变微胶囊 S6、S7、S3、S8 和 S9 的结晶温度分别为 18.68 ℃、

−15.56 ℃、−25.08 ℃、−20.67 ℃和−25.24 ℃，其结晶过程的相变潜热分别为 105.03 kJ・kg^{-1}、75.02 kJ・kg^{-1}、79.97 kJ・kg^{-1}、69.1 kJ・kg^{-1}和 32.18 kJ・kg^{-1}。尽管在 DSC 的测试中相变微胶囊存在严重的过冷，但是与五水合硫代硫酸钠相比具有很大的改善，这是由于相变微胶囊的壁材二氧化硅促进五水合硫代硫酸钠的结晶。

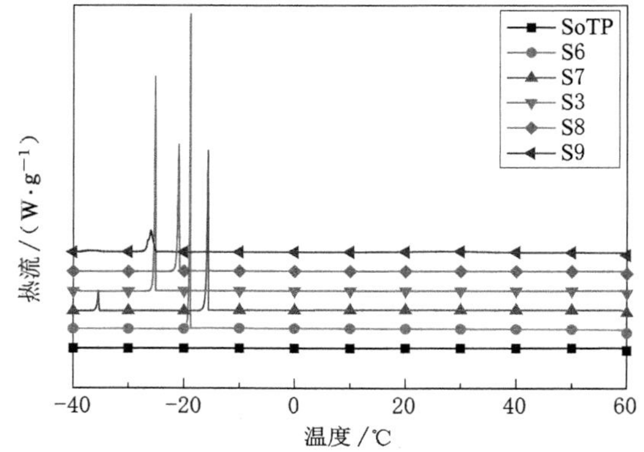

图 7-12　五水合硫代硫酸钠与不同芯壁比条件下制备的五水合硫代硫酸钠/二氧化硅相变微胶囊结晶过程的 DSC 图

7.4.4　五水合硫代硫酸钠/二氧化硅相变微胶囊的热稳定性

热稳定性是热能储存材料非常重要的一项热物性能。采用 TG 对五水合硫代硫酸钠和不同芯壁比条件下制备的五水合硫代硫酸钠/二氧化硅相变微胶囊的热稳定性进行了测试，其 TG 曲线图如图 7-13 所示。

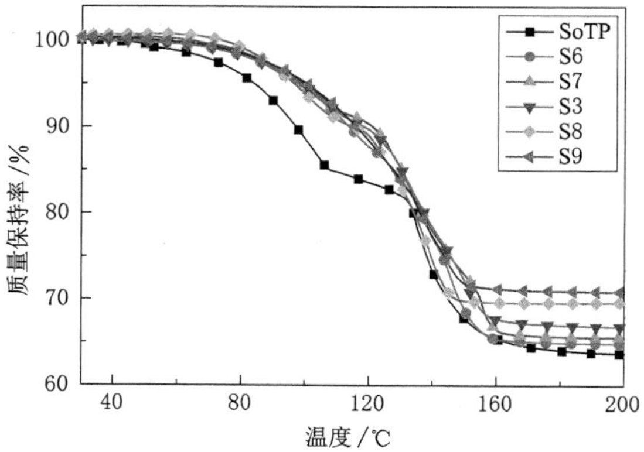

图 7-13　五水合硫代硫酸与不同芯壁比条件下制备的五水合硫代硫酸钠/二氧化硅相变微胶囊的热稳定性

从图中可以看出，随着温度的升高，五水合硫代硫酸钠的质量在不断地减小，这是由于随着温度的升高五水合硫代硫酸钠中的结晶水受热分解，并蒸发到外界环境当中，从而造成质量损失。当温度达到 100 ℃时，五水合硫代硫酸钠和相变微胶囊 S6、S7、S3、S8 和 S9 的质量损失分别为 11.4%、5.59%、5.03%、5.31%、6.19%和 4.85%。说明五水合硫代硫酸钠通过二氧化硅的包覆改善了自身的热稳定性。这是由于壁材二氧化硅在一定程度上防止了五水合硫代硫酸钠中结晶水的蒸发，从而对五水合硫代硫酸钠的热稳定性起到了增强的作用。

此外，通过 DSC 对五水合硫代硫酸钠与五水合硫代硫酸钠/二氧化硅相变微胶囊 S3 经过多次热循环后的热物性进行了测试，测试结果如图 7-14 所示。

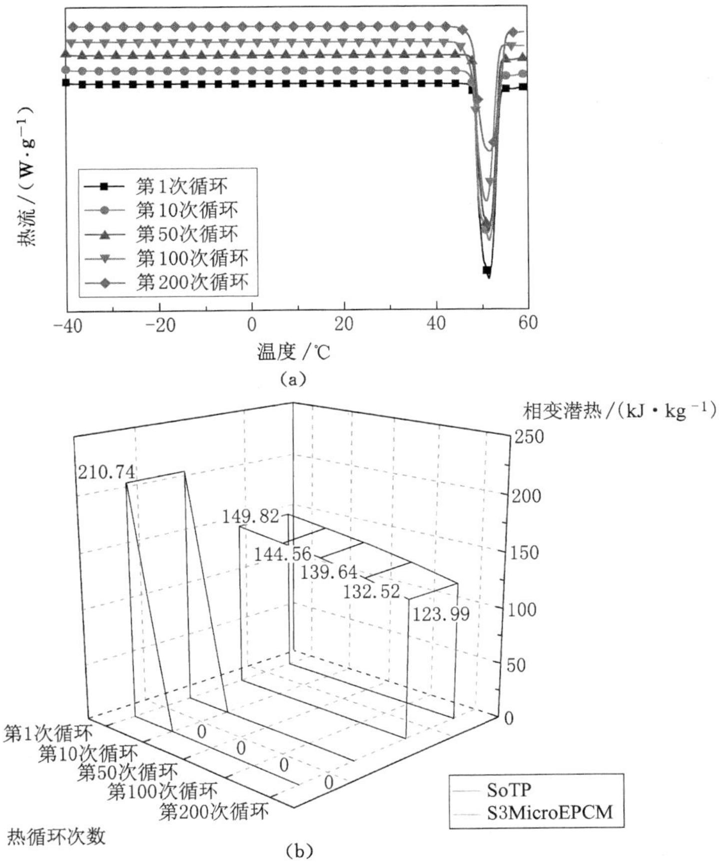

图 7-14　五水合硫代硫酸钠与五水合硫代硫酸钠/二氧化硅相变微胶囊 S3 的循环后的热性能[35, 44]-热循环次数

(a) 五水合硫代硫酸钠/二氧化硅相变微胶囊 S3 多次循环后的 DSC 图；

(b) 五水合硫代硫酸钠与五水合硫代硫酸钠/二氧化硅相变微胶囊 S3 多次循环后的相变潜热

从测试结果得知，经过 10 次、50 次、100 次和 200 次的热循环之后五水合硫代硫酸的相变潜热均为 0。其原因是五水合硫代硫酸钠在第一次热循环后并没有发生结晶，因此经过多次的热循环后仍然没有潜热。相变微胶囊 S3 在经过 10 次、50 次、100 次和 200 次的热循环之后，其相变潜热分别为 144.56 $kJ \cdot kg^{-1}$、139.64 $kJ \cdot kg^{-1}$、132.52 $kJ \cdot kg^{-1}$和 123.99 $kJ \cdot kg^{-1}$，与热循环之前相比相变潜热分别降低了 3.51%、6.79%、11.55%和 17.24%。潜热的降低可能是由于在微胶囊的热循环过程中仍有部分五水合硫代硫酸钠的结晶水蒸发所引起的。

通过对五水合硫代硫酸与五水合硫代硫酸钠/二氧化硅相变微胶囊的 TG 和热循环性能测试表明，五水合硫代硫酸经过二氧化硅包覆后，其热稳定性和热循环性能均有所改善，进一步提高了五水合硫代硫酸在相变储能领域的实用性。

7.4.5 五水合硫代硫酸钠/二氧化硅相变微胶囊的过冷特性

采用步冷曲线法，通过如图 7-2 所示的过冷度测试实验台对五水合硫代硫酸钠与不同芯壁比条件下制备的五水合硫代硫酸钠/二氧化硅相变微胶囊的过冷度进行了测试，测试结果如图 7-15 所示。

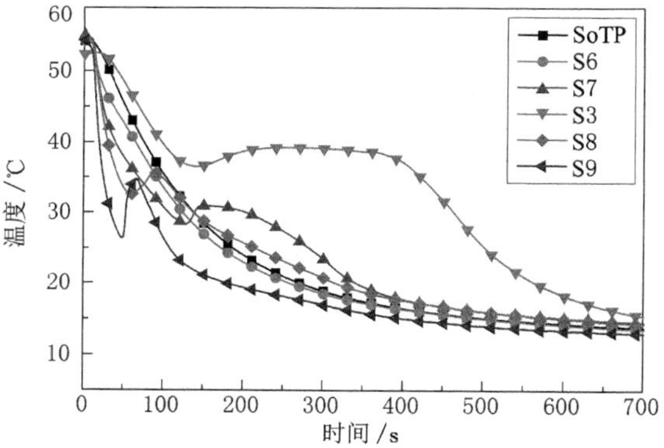

图 7-15 五水合硫代硫酸钠与不同芯壁比条件下制备的五水合硫代硫酸钠/二氧化硅相变微胶囊的步冷曲线

从图 7-15 中可以看出五水合硫代硫酸钠和相变微胶囊 S6 并没有出现相变平台，说明在测试温度范围内没有结晶现象发生，因此五水合硫代硫酸钠和相变微胶囊 S6 存在严重的过冷现象。相变微胶囊 S7、S3、S8 和 S9 的过冷度分别为 2.75 ℃、2.56 ℃、3.01 ℃和 8.26 ℃。实验结果表明，五水合硫代硫酸钠经二氧化硅包覆后其过冷现象有明显的改善，且随着芯壁比的减小，相变微胶囊的过冷度出现先减小后增大的趋势。

7.4.6 五水合硫代硫酸钠/二氧化硅相变微胶囊的导热性能

采用导热系数测试仪对五水合硫代硫酸钠与五水合硫代硫酸钠/二氧化硅

相变微胶囊 S3 在不同温度下的导热系数进行了测试，测试结果如图 7-16 所示。

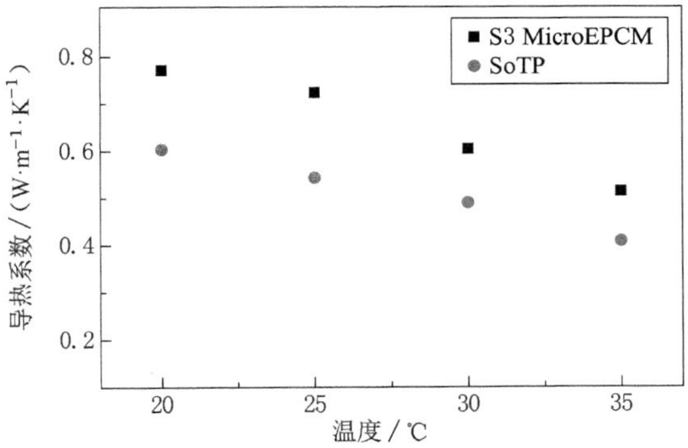

图 7-16　五水合硫代硫酸钠与五水合硫代硫酸钠/二氧化硅相变微胶囊 S3 的导热系数

五水合硫代硫酸钠在 20 ℃、25 ℃、30 ℃和 35 ℃下的导热系数分别为 0.603 5 W·m^{-1}·K^{-1}、0.543 5 W·m^{-1}·K^{-1}、0.490 5 W·m^{-1}·K^{-1}和 0.408 3 W·m^{-1}·K^{-1}。相变微胶囊 S3 在 20 ℃、25 ℃、30 ℃和 35 ℃下的导热系数分别为 0.771 8 W·m^{-1}·K^{-1}、0.723 8 W·m^{-1}·K^{-1}、0.605 2 W·m^{-1}·K^{-1}和 0.515 0 W·m^{-1}·K^{-1}。测试结果表明，五水合硫代硫酸钠和相变微胶囊的导热系数随着温度的升高而降低，且在同一温度下相变微胶囊的导热系数始终高于五水合硫代硫酸钠。这说明五水合硫代硫酸钠经二氧化硅包覆后其导热性能有所提高，这是由于二氧化硅导热系数高于五水合硫代硫酸钠，以及五水合硫代硫酸钠经微胶囊包覆后传热面积增大的原因。

7.4.7　五水合硫代硫酸钠/二氧化硅相变微胶囊的加热过程的热成像分析

对五水合硫代硫酸钠与五水合硫代硫酸钠/二氧化硅相变微胶囊 S3 在 60 ℃下进行恒温加热，并采用红外热成像仪对其加热过程的温度分布进行测试，结果如图 7-17 所示。从图中看出在加热 5 s、60 s、180 s 和 360 s 时，五水合硫代硫酸钠与相变微胶囊 S3 均保持稳定的形态。在 360 s 时，五水合硫代硫酸钠与相变微胶囊 S3 均达到了相变温度。随着加热时间的延长，五水合硫代硫酸钠与相变微胶囊 S3 不断地吸热，温度也逐渐地升高。当加热 540 s 时，五水合硫代硫酸钠温度高于其相变温度，熔化成液体，且向四周扩散。当加热 900 s 时，相变微胶囊 S3 的温度也高于其相变温度，但其形态并未发生变化。直至 1 440 s，相变微胶囊 S3 的温度达到 56.4 ℃，但其形态未发生变化仍保持固态。说明二氧化硅对 SoTP 的包覆，阻止了五水合硫代硫酸钠熔化后的泄漏，这有效地解决了相变材料在应用过程中由于固液相变后造成泄漏而对设备和环境造成污染的问题。

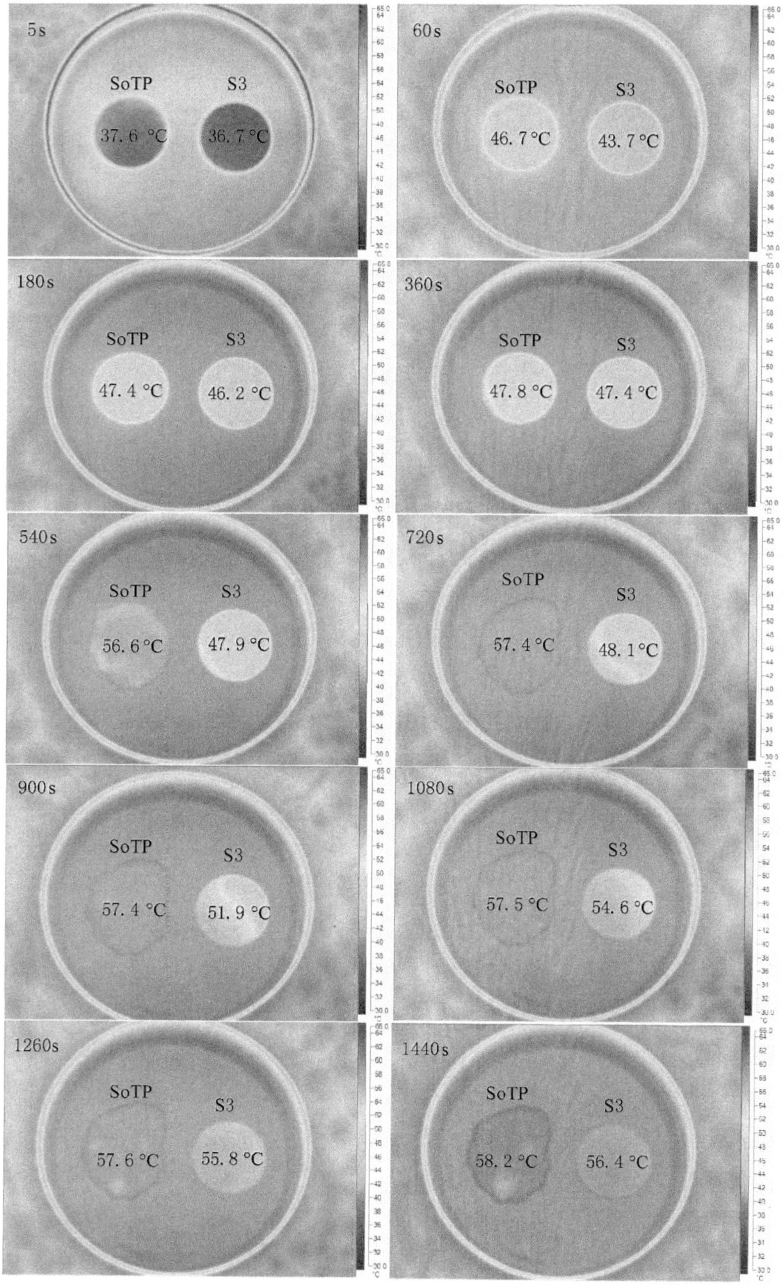

图 7-17　五水合硫代硫酸钠与五水合硫代硫酸钠/二氧化硅相变微胶囊 S3 加热过程的热成像图

7.5　本章小结

本章以五水合硫代硫酸钠为芯材、二氧化硅为壁材，采用溶胶凝胶法成功地制备出了五水合硫代硫酸钠/二氧化硅相变微胶囊。并研究了不同乳化剂添加量、芯材与壁材质量比、搅拌速率对相变微胶囊微观形貌、相变温度、相变潜热、粒径分布、热稳定性、过冷性能和导热系数等物性参数的影响规律，主要结论如下：

(1) 乳化剂含量、芯材与壁材质量比、搅拌速率对胶囊的微观形貌和粒径分布均有很大的影响。当搅拌速率为 600 $r \cdot min^{-1}$ 时，芯材、壁材、乳化剂的质量比为 1∶0.4∶0.04 时，所制备的相变微胶囊呈规则的球形结构，表面光滑紧凑且粒径分布最为均匀。

(2) 芯壁比对相变微胶囊的相变温度影响较小，但对相变潜热影响较大。随着芯壁比的减小，相变微胶囊的相变潜热逐渐增大。所制备的相变微胶囊相变潜热最大为 199.47 $kJ \cdot kg^{-1}$，其包覆率为 94.65%。

(3) 五水合硫代硫酸钠经二氧化硅包覆后，其过冷度和导热系数均有所改善。五水合硫代硫酸钠的过冷度最低降至 2.56 ℃，导热系数从 0.603 5 $W \cdot m^{-1} \cdot K^{-1}$ 提高至 0.771 8 $W \cdot m^{-1} \cdot K^{-1}$。

(4) 五水合硫代硫酸钠经二氧化硅包覆后，不仅热稳定性明显提高，也解决了芯材熔化后造成泄漏的问题，从而延长了无机水合盐在实际应中的循环寿命，并解决了由于泄漏对储能设备和环境造成腐蚀和污染的问题。

第8章　潜热型功能热流体的传热与流动特性研究

8.1　引　　言

随着工业领域的发展，热交换设备的传热强度和负荷日益增加，导致传统的单相传热流体难以满足高强度下的热交换需求，为了提高传热流体的传热效率，潜热型功能热流体逐渐得到关注。

潜热型功能热流体(LFTF)是一种集热量储存与传递、强化传热功能于一体的新型工质。它主要是利用相变材料在熔化或凝固时可吸收或释放大量潜热的原理来增大传热流体表观比热，并且在流体流动过程中，相变微胶囊产生的微对流效应也有助于提高对流换热强度[57]。因此潜热型功能热流体一般具有储热密度高、应用过程中温差波动小、传热效率高等优点，在电池热管理、大功率电子元器件散热、热交换器、空调采暖和热能存储系统等涉及储热和换热的相关领域有着广阔的应用前景[58-60]。

潜热型功能热流体主要分为相变乳液和相变微胶囊悬浮液两种。相变乳液是在乳化剂的作用下通过机械搅拌将相变材料均匀分散到基液中所形成性能稳定的传热流体，此类潜热型功能热流体的优点是体系稳定、制备工艺简单，但是存在易发生聚结堵塞管道等问题；相变微胶囊悬浮液是由相变微胶囊与传统的单相流体混合制备成的一种固液多相传热流体，该类潜热型功能热流体与相变乳液相比可有效提高传热流体的对流换热性能，且不易对管道造成堵塞[61,62]。

目前针对潜热型功能热流体的热物性、传热与流动特性，在国内外已经开展了相关的研究工作，但是相变微胶囊种类繁多，不同芯材和壁材的相变微胶囊对潜热型功能热流体的物理稳定性、黏度、导热性能、相变潜热、对流换热系数等传热与流动热性影响较大。因此，对于多种壁材和芯材构成不同的相变微胶囊对潜热型功能热流体的物理稳定性、热物性以及传热与流动特性的影响规律仍需进一步研究揭示。

本章针对适用于动力电池热管理、大功率电子元器件散热的潜热型功能热流体，采用石蜡/密胺树脂相变微胶囊（相变温度为 31 ℃左右）作为相变储能材料，以水和无水乙醇混合物作为基液来制备相变微胶囊乳液作为潜热型功能热流体。首先，针对不同基液中组分构成对潜热型功能热流体的物理稳定性进行了研究，确定稳定性最佳的基液组分构成比例。然后制备了不同石蜡/密胺树脂相变微胶囊质量分数的潜热型功能热流体，研究了相变微胶囊的质量分数对潜热型功能热流体的黏度、密度、相变温度、相变潜热、导热系数等物性参数的影响规律。然后搭建对流换热实验平台，对潜热型功能热流体在管内的传热与流动特性进行了研究。

8.2　潜热型功能热流体的制备

8.2.1　实验药品与试剂

本章潜热型功能热流体的制备所使用的主要原材料及试剂如表 8-1 所示。

表 8-1　　制备潜热型功能热流体的主要原料及试剂

原料及试剂	英文缩写	规格	生产厂家
石蜡/密胺树脂相变微胶囊	MicroEPCM	—	常州美胜生物有限公司
无水乙醇	—	AR	国药集团化学试剂有限公司
去离子水	—	自制	—

8.2.2　实验仪器与设备

本章潜热型功能热流体的制备和性能测试所使用的主要仪器及设备如表 8-2 所示。

表 8-2　　潜热型功能热流体的制备及性能测试的主要仪器及设备生产厂家

仪器名称	型号	生产厂家
数显磁力搅拌器	MS-H280-PRO	大龙兴创实验仪器（北京）有限公司
数显电子恒温水浴锅	HH-2	常州国华电器有限公司
干燥箱	DHG-9076A	上海精宏实验设备有限公司
电子天平	FA2004	上海舜宇恒平科学仪器有限公司
实验室超净水机	RO-20	南京前沿仪器设备有限公司

续表 8-2

仪器名称	型号	生产厂家
扫描电子显微镜(SEM)	Quanta 250	美国 FEI 公司
导热系数测试仪	TC3000L	西安夏溪电子科技有限公司
激光粒度分布仪(LPS)	BT-9300H	丹东百特仪器有限公司
旋转黏度计	NDJ-79B	上海昌吉地质仪器有限公司
数据采集器	34970A	安捷伦科技有限公司
差示扫描量热仪(DSC)	Discovery DSC25	美国 TA 仪器

8.2.3 潜热型功能热流体的制备过程

采用石蜡/密胺树脂相变微胶囊作为添加物，以水和无水乙醇混合物作为基液来制备相变微胶囊悬浮液作为潜热型功能热流体。在制备过程中，先将一定比例的水和无水乙醇均匀混合，再将一定质量的石蜡/密胺树脂相变微胶囊添加至水与无水乙醇的混合基液中，并在 600 $r \cdot min^{-1}$ 下磁力搅拌 30 min，然后再将相变微胶囊、水和无水乙醇的混合物超声分散 30 min，使石蜡/密胺树脂相变微胶囊均匀分散至基液中，则潜热型功能热流体制备完成。

由于石蜡/密胺树脂相变微胶囊的密度约为 0.9 $g \cdot cm^{-3}$，密度大于水而小于无水乙醇，因此基液中水与无水乙醇的比例对潜热型功能热流体的物理稳定性至关重要。于是通过调整基液中水和无水乙醇组分的比例来确定潜热型功能热流体稳定性最佳的基液配比。在第一组测试中，配制了无水乙醇质量分数分别为 0%、20%、40%、60%、80%和 100%的基液，然后在上述基液中分别添加质量分数为 5%的石蜡/密胺树脂相变微胶囊来进行潜热型功能热流体的制备。随后将制备出的潜热型功能热流体分别置于试管中，并静置一段时间来观察其潜热型功能热流体的物理稳定性。

第一组潜热型功能热流体在不同时间下的稳定性测试如图 8-1 所示。从该图中可以看出，所制备出的潜热型功能热流体中相变微胶囊在一开始时均匀地分布在基液中，然而经过 30 min 后基液中无水乙醇质量分数为 100%的潜热型功能热流体就已经出现明显的沉淀，在 24 h 后基液中无水乙醇质量分数为 80%的潜热型功能热流体也开始出现沉淀，这是由于此时基液与石蜡/密胺树脂相变微胶囊密度相差加大，且石蜡/密胺树脂相变微胶囊的密度大于基液的密度，因此石蜡/密胺树脂相变微胶囊很快在基液中出现沉淀。经过 8 d 后基液中无水乙醇质量分数分别为 0%、20%、40%的潜热型功能热流体中的上部出现了石蜡/密胺树脂相变微胶囊的漂浮物，而当基液中无水乙醇质量分数为 60%的潜热型功能热流体中石蜡/密胺树脂相变微胶囊也出现沉淀，说明基液中无水乙醇最佳的含量应该在 40%～60%，而且当无水乙醇的质量分数为 40%时分层最不明显，说明基液中最佳的无水乙醇比例接近 40%。

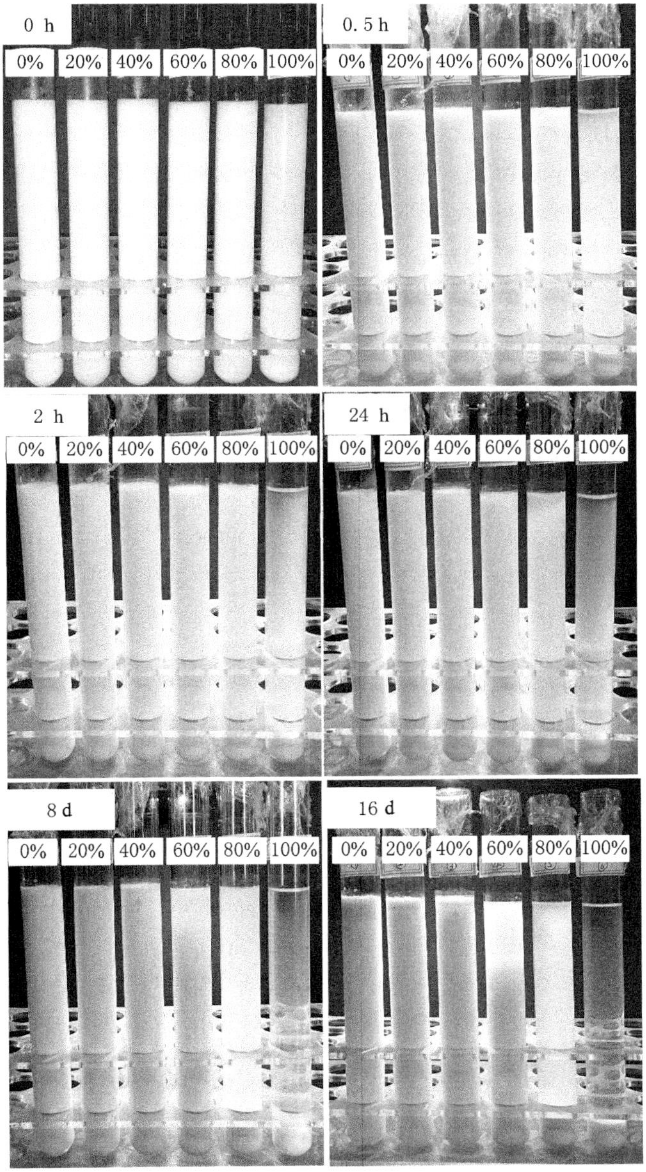

图 8-1　第一组潜热型功能热流体的稳定性测试

根据第一组的测试结果，进行了第二组潜热型功能热流体的稳定性测试。在第二组测试中配置了基液中无水乙醇质量分数分别为42%、44%、46%、48%、50%的潜热型功能热流体。第二组潜热型功能热流体在不同时间下的稳定性测试如图8-2所示。从该图中可以看出，当潜热型功能热流体在试管中静置16 d后，基液中无水乙醇质量分数分别为42%和44%的潜热型功能热流体均出现了少量的漂浮物，而无水乙醇质量分数为48%和50%的潜热型功能热流体中相变微胶囊均出现沉淀现象，而当基液中无水乙醇质量分数为46%时潜热型功能热流体几乎没有分层现象，说明此时该基液配比下所制备的潜热型功能热流体具有很好的物理稳定性。

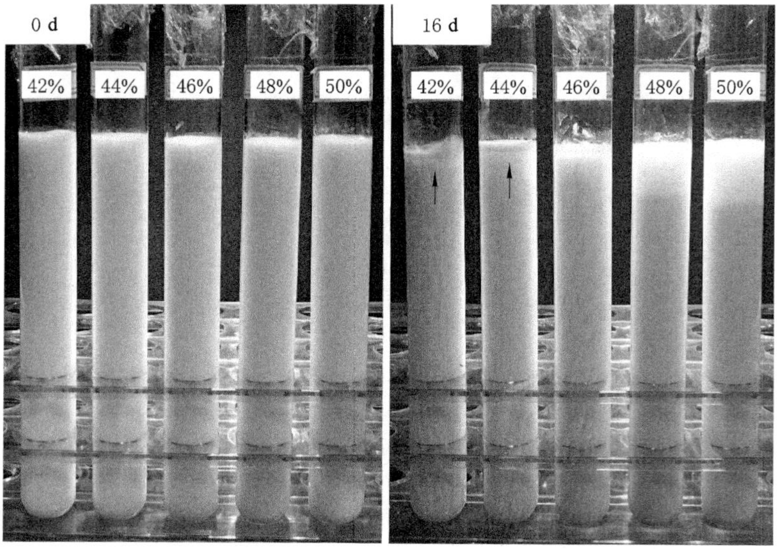

图8-2 第二组潜热型功能热流体的稳定性测试

根据稳定性测试结果，在潜热型功能热流体中的制备中，采用无水乙醇质量分数为46%的水/无水乙醇混合液作为基液，来制备相变微胶囊质量分数分别为5%、10%、20%、30%、40%的潜热型功能热流体用于热物性、传热与流动特性的研究。

8.3 潜热型功能热流体的物性表征

8.3.1 密度测试

通过测定潜热型功能热流体的质量和体积，由公式 $\rho=m/v$ 计算其密度值，并采用毛细玻璃膨胀管对潜热型功能热流体在 5～60 ℃范围内微小的体积变化进行测量，从而计算出不同温度下潜热型功能热流体的密度。

8.3.2　DSC 测试

采用 DSC 测试仪对基液和不同相变微胶囊质量分数下的潜热型功能热流体的相变温度和相变潜热进行测试。测量范围为 10～50 ℃，升温速率 2 ℃ · min^{-1}，样品重量为 5～10 mg，且用氮气氛围保护。该仪器热流的测量精度为 ±0.1 μW，温度的测量精度为 ±0.01 ℃。

8.3.3　导热系数测试

采用瞬态热线法液体导热系数测试仪对基液和不同相变微胶囊质量分数下的潜热型功能热流体在 25 ℃、30 ℃、35 ℃、40 ℃、45 ℃、50 ℃下的导热系数进行测试，测试样品体积约 30 mL。该导热系数测试仪的测量误差为 ±3%。

8.3.4　黏度测试

采用旋转黏度计对基液和不同相变微胶囊质量分数下的潜热型功能热流体在 15 ℃、20 ℃、25 ℃、30 ℃、35 ℃、40 ℃、45 ℃下的黏度进行测试。该旋转黏度计的测量误差为 ±3%。

8.4　潜热型功能热流体传热与流动测试平台

8.4.1　圆管内传热与流动测试实验台

基液与潜热型功能热流体的传热与流动特性实验测试系统如图 8-3 所示。该实验测试系统主要包括对流换热测试单元、储液箱、离心泵、阀门、流量计、恒温水槽、K 型热电偶、计算机和数据采集器。

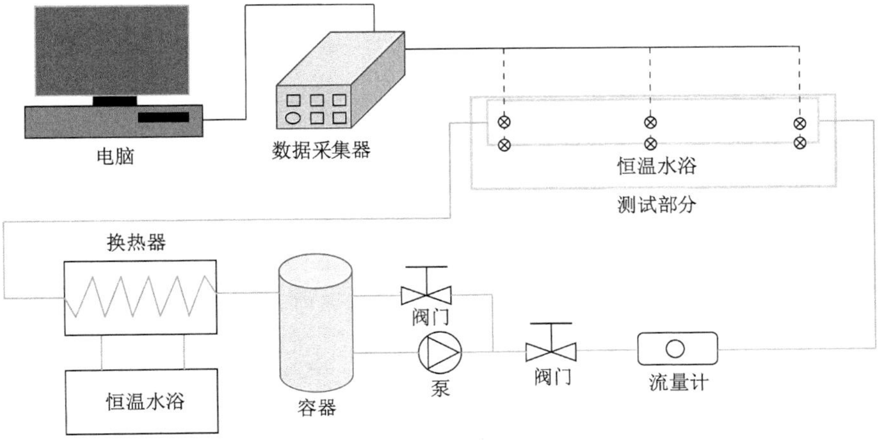

图 8-3　传热与流动实验测试系统图

在实验过程中，通过泵的驱动，基液或潜热型功能热流体从储液罐中流入换热圆管，并在实验系统中循环流动。当基液或潜热型功能热流体流经换热圆管（圆管的材质为铜，内径为 12 mm、壁厚为 1 mm、长度为 300 mm）时，圆管将恒温水浴中的热量传递到潜热型功能热流体中进行对流换热。圆管壁面和圆管内基液或潜热型功能热流体的温度通过热电偶来进行测量（热电偶的布置方式如图 8-3 测试单元部分所示），并通过安捷伦数据采集仪和计算机进行数据的采集和储存。通过调整泵的输出功率和旁路循环中阀门的开度来控制基液或潜热型功能热流体在测试循环系统中的流量。通过上述的测试系统，对不同质量流量、不同相变微胶囊质量分数下的潜热型功能热流体在圆管内温度数进行测试，并将所测参数用于对流换热系数的计算。

8.4.2 数据处理及计算过程

对流换热系数 h 计算公式如下

$$h = \frac{Q}{A(\overline{T}_{\mathrm{w}} - \overline{T}_{\mathrm{f}})} \tag{8-1}$$

其中，A 为圆管内的换热面积；$\overline{T}_{\mathrm{w}}$ 为圆管的壁面平均温度；$\overline{T}_{\mathrm{f}}$ 为圆管内潜热型功能热流体的平均温度；Q 为测试单元的热流量。

$\overline{T}_{\mathrm{w}}$ 的计算公式如下：

$$\overline{T}_{\mathrm{w}} = \frac{1}{3}(T_{\mathrm{w1}} + T_{\mathrm{w2}} + T_{\mathrm{w3}}) \tag{8-2}$$

其中，T_{w1}、T_{w2} 和 T_{w3} 为圆管换热壁面的三个温度测点。

$\overline{T}_{\mathrm{f}}$ 的计算公式如下：

$$\overline{T}_{\mathrm{f}} = \frac{1}{3}(T_{\mathrm{f1}} + T_{\mathrm{f2}} + T_{\mathrm{f3}}) \tag{8-3}$$

其中，T_{f1}、T_{f2} 和 T_{f3} 为圆管内潜热型功能热流体的三个温度测点。

Q 的计算公式如下：

$$Q = q_{\mathrm{m}} C_{\mathrm{p}} (T_{\mathrm{out}} - T_{\mathrm{in}}) \tag{8-4}$$

其中，q_{m} 为潜热型功能热流体的质量流量；T_{in} 和 T_{out} 分别为潜热型功能热流体在圆管内的进口和出口温度；C_{p} 为潜热型功能热流体的比热。C_{p} 的计算公式如下：

$$C_{\mathrm{p}} = (1 - \alpha - \beta) C_{\mathrm{p,w}} + \alpha C_{\mathrm{p,M}} + \beta C_{\mathrm{p,e}} \tag{8-5}$$

其中，$C_{\mathrm{p,w}}$、$C_{\mathrm{p,e}}$、$C_{\mathrm{p,M}}$ 分别为水、无水乙醇和相变微胶囊的比热；α 和 β 分别为无水乙醇和相变微胶囊的质量分数。

下式（8-6）为流体的努赛尔数计算经验公式，用来计算基液的努赛尔数[63]：

$$N_{\mathrm{u}} = \left[\left(\frac{1.302}{(L/dReP_{\mathrm{r}})} \right)^{5} + (4.36)^{5} \right]^{1/5} \tag{8-6}$$

其中，L 为圆管的长度；P_r 为基液的普朗特数；d 为圆管的内径；Re 是雷诺数。基液的 P_r 的计算公式为：

$$P_r = \frac{\mu C_b}{k} \tag{8-7}$$

其中，μ 为基液的黏度；C_b为基液的比热；k 为基液的导热系数。

基液在圆管内的对流换热系数理论值计算公式如下：

$$h = \frac{kNu}{d} \tag{8-8}$$

8.5　潜热型功能热流体的物性测试结果与分析

8.5.1　相变微胶囊的微观形貌和相变特性

用于潜热型功能热流体的石蜡/密胺树脂相变微胶囊微观形貌如图 8-4 所示，从图中可以看出相变微胶囊的微观形貌呈规则的球状结构，且表面光滑紧凑。相变微胶囊的粒径分布如图 8-5 所示，经测试相变微胶囊的平均粒径为5.392 μm。

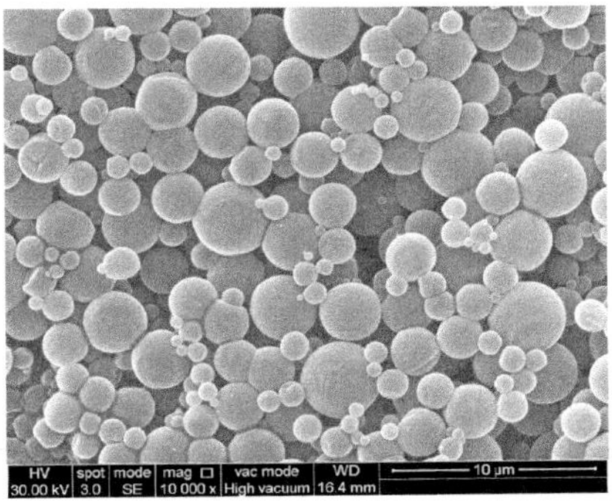

图 8-4　相变微胶囊的扫描电镜图

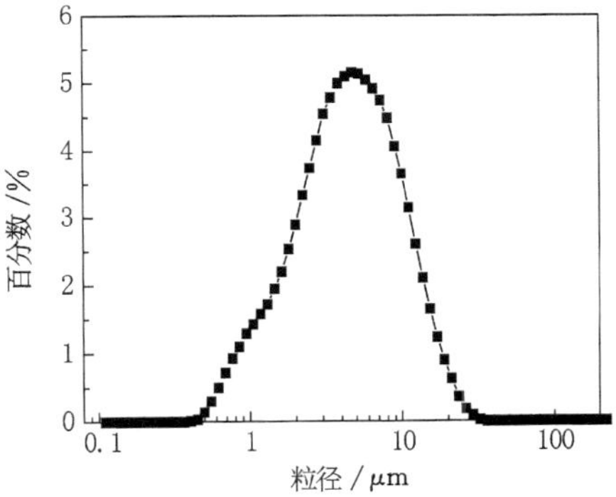

图 8-5　相变微胶囊的粒径分布图

相变储能材料的相变温度、相变潜热是其在热能储存领域应用中重要的热物性参数，其相变温度反映了相变储能材料的适用范围，相变潜热的大小反映了相变储能材料储热能力的高低。石蜡/密胺树脂相变微胶囊的 DSC 测试曲线如图 8-6 所示。测试结果表明，石蜡/密胺树脂相变微胶囊熔化过程的相变温度为 31.06 ℃，相变峰值温度为 33.99 ℃，相变潜热为 121.84 $kJ \cdot kg^{-1}$。

8.5.2　潜热型功能热流体的密度

不同相变微胶囊质量分数下的潜热型功能热流体在 5～60 ℃下的密度如图

8-7 所示。从测试结果中可以看出，潜热型功能热流体的密度随着相变微胶囊质量分数的增加而降低，这是由于相变微胶囊密度略低于基液的密度。因此，随着相变微胶囊质量分数的逐渐增大，潜热型功能热流体的密度也就会逐渐降低。

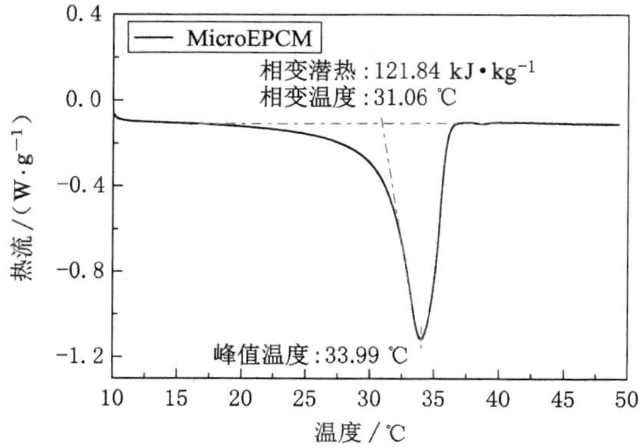

图 8-6　相变微胶囊的 DSC 图

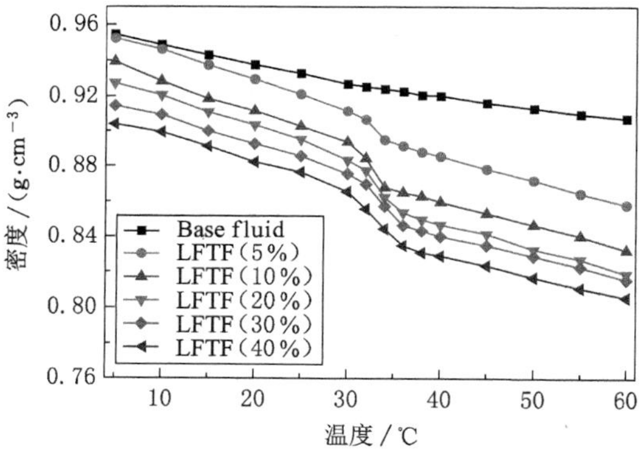

图 8-7　不同相变微胶囊质量分数下的潜热型功能热流体密度与温度的关系

当添加相变微胶囊的质量分数一定时，潜热型功能热流体的密度会随着温度的升高而降低，尤其是在 30～35 ℃之间密度下降尤为明显。这是由于在测试温度范围内相变微胶囊和基液温度升高，体积发生膨胀，特别是在 30～35 ℃之间，相变微胶囊中的芯材石蜡发生相变，由固态变成液态，体积膨胀较大，因此相变微胶囊的密度下降较大，导致潜热型功能热流体的密度会随着温度的升高而降低，且在 30～35 ℃之间变化较为明显。

8.5.3　潜热型功能热流体的相变特性

不同相变微胶囊质量分数下的潜热型功能热流体的 DSC 测试曲线如图 8-8

所示。具体的测试数据如表 8-3 所示。

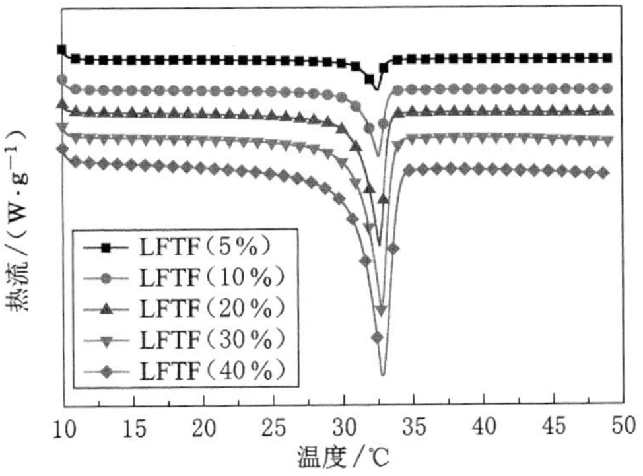

图 8-8　不同相变微胶囊质量分数下潜热型功能热流体的 DSC 测试图[35,44]

表 8-3　不同相变微胶囊质量分数下潜热型功能热流体的 DSC 测试数据

样品	相变温度/℃	相变峰值温度/℃	相变潜热/(kJ·kg^{-1})
LFTF(5%)	31.14	32.49	5.66
LFTF(10%)	31.20	32.54	12.02
LFTF(20%)	31.14	32.59	24.93
LFTF(30%)	31.14	32.71	36.03
LFTF(40%)	31.01	32.77	50.98

从 DSC 的测试结果中可以看出,不同相变微胶囊质量分数下的潜热型功能热流体的相变温度均为 31 ℃左右,相变峰值温度均为 32.5 ℃左右。结果表明,潜热型功能热流体的相变温度与相变微胶囊相比差别较小,但峰值温度与相变微胶囊相比低 1 ℃左右。这是由于相变微胶囊分散到基液后,在 DSC 的测试过程中热量由基液传递给相变微胶囊,传热面积大,且比单个微胶囊之间的传热速率高,因此所测试出的潜热型功能热流体的相变峰值温度较相变微胶囊的温度低。

当相变微胶囊的质量分数分别为 5%、10%、20%、30%、40%时,潜热型功能热流体的相变潜热分别为 5.66 J/g、12.02 J/g、24.93 J/g、36.03 J/g、50.98 J/g,其数值分别为相变微胶囊相变潜热值的 4.65%、9.87%、20.5%、29.6%、41.8%,与理论值相近。显而易见,潜热型功能热流体的相变潜热随着相变微胶囊质量分数的增加而增大。这是由于在测试温度范围内,基液并没有发生相变,只有相变微胶囊含有相变潜热,因此潜热型功能流体的相变潜热会随着相变微胶囊质量分数的增加而增大。相变微胶囊的添加增大了潜热型功能热流体的蓄热能力，进一步增加了单位质量传热流体的热质输运能力，有利于提高传热流体的对流换热性能。

8.5.4 潜热型功能热流体的导热系数

导热系数表示热量传递能力的大小，不同相变微胶囊质量分数下的潜热型功能热流体在 25 ℃、30 ℃、35 ℃、40 ℃、45 ℃、50 ℃温度下的导热系数测试结果如图 8-9 所示，具体数据如表 8-4 所示。

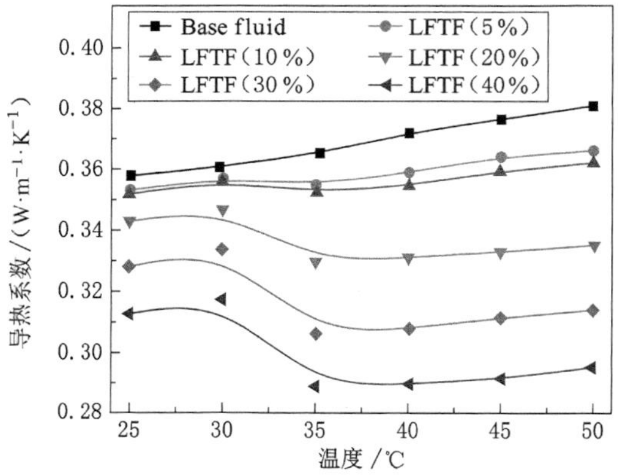

图 8-9 不同相变微胶囊质量分数下潜热型功能热流体的导热系数与温度的关系

表 8-4 不同相变微胶囊质量分数下潜热型功能热流体的导热系数测试数据

温度/℃	Base fluid/(W·m^{-1}·K^{-1})	LFTF/(W·m^{-1}·K^{-1}) (5%)	LFTF/(W·m^{-1}·K^{-1}) (10%)	LFTF/(W·m^{-1}·K^{-1}) (20%)	LFTF/(W·m^{-1}·K^{-1}) (30%)	LFTF/(W·m^{-1}·K^{-1}) (40%)
25	0.357 8	0.353 1	0.351 8	0.342 9	0.328 1	0.312 7
30	0.360 6	0.356 9	0.356 0	0.346 7	0.333 7	0.317 4
35	0.365 3	0.354 8	0.352 4	0.329 7	0.306 2	0.288 7
40	0.371 9	0.358 9	0.354 7	0.331 1	0.307 9	0.289 6
45	0.376 5	0.364 0	0.359 3	0.333 0	0.311 5	0.291 4
50	0.380 9	0.366 1	0.362 1	0.335 1	0.314 0	0.295 2

从测试结果可知，在测试温度范围内，无水乙醇/水混合基液的导热系数随着温度的升高而增大，这是由于基液中的水含有自由电子，温度升高后自由电子运动加速，从而使基液的导热系数随温度的升高而增大。当相变微胶囊质量分数为 5%时，潜热型功能热流体的导热系数在 25～30 ℃范围内随着温度的升高

而增大，但是在 30～35 ℃范围内导热系数却随着温度的升高而降低，然而当温度在 35～50 ℃时，导热系数又随着温度的升高而增大。这是由于相变微胶囊的芯材石蜡在 30～35 ℃范围内发生相变，由固态变成液态，而液态石蜡的导热系数低于固态，从而导致潜热型功能热流体的导热系数在石蜡相变温度范围内随着温度的升高而降低，且当相变微胶囊质量分数为 10%、20%、30%和 40%时均呈现出相同的规律，同时随着相变微胶囊质量分数的增加这种规律越明显。

当测试温度为 25 ℃时，随着相变微胶囊质量分数的增加，潜热型功能热流体的导热系数也随之下降，这是由于相变微胶囊的导热系数低于基液，因此潜热型功能流体的导热系数会随着相变微胶囊质量分数的增加而降低，且在 30 ℃、35 ℃、40 ℃、45 ℃和 50 ℃均具有同样的规律。

综上所述，基液的导热系数随着温度的升高而增大，潜热型功能热流体的导热系数则随着温度的升高在相变温度范围内出现降低趋势，而在其他温度范围内随着温度的升高而增大；当测试温度一定时，潜热型功能热流体的导热系数随着相变微胶囊质量分数的增加而降低。

8.5.5　潜热型功能热流体的黏度

不同相变微胶囊质量分数下的潜热型功能热流体在 15 ℃、20 ℃、25 ℃、30 ℃、32℃、35℃、40 ℃、45 ℃下的黏度如图 8-10 所示。从图中可以看出当相变微胶囊质量分数相同时，基液和潜热型功能热流体的黏度均随着温度的升高而降低，这是由于液体分子间距比较紧密，当温度升高时分子动能也随之提高，从而促进了分子间的流动，因此基液和潜热型功能热流体的黏度会随着温度的升高而减小。

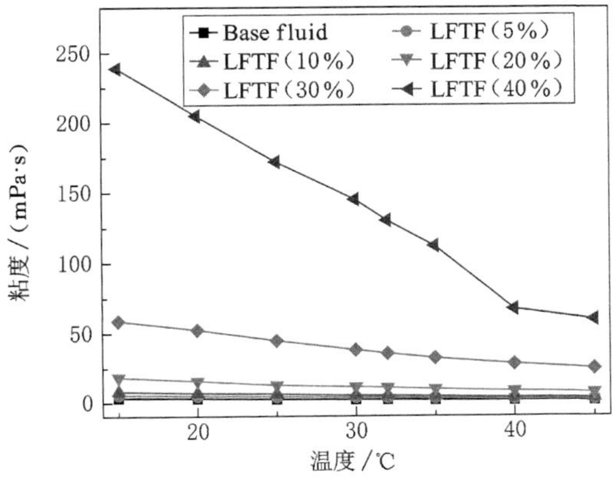

图 8-10　不同相变微胶囊质量分数下的潜热型功能热流体的黏度与温度的关系

从黏度测试结果中也可明显看出，在测试温度内基液的黏度范围为 1.41～3.52 mPa·s，相变微胶囊质量分数为 5%、10%、20%、30%和 40%时的潜热型功能热流体的黏度范围分别为 2.3～5.69 mPa·s、3.27～8.15 mPa·s、7.34～18.4 mPa·s、24.6～58.8 mPa·s 和 59.5～239 mPa·s。结果表明，相变微胶囊的质量分数对潜热型功能热流体的黏度有很大的影响，并且随着相变微胶囊质量分数的增大而增高。当相变微胶囊的质量分数为 5%和 10%时，潜热功能型流体的黏度能够保持在 9 mPa·s 以内。但当相变微胶囊的质量分数为 20%、30%和 40%时，潜热型功能热流体的黏度迅速增加，尤其是当变微胶囊质量分数为 40%时，潜热型功能热流体已经变得很黏稠，黏度最高为 239 mPa·s，且在 40 ℃时其黏度降低较大，可能是由于部分胶囊在测试过程中发生破裂所导致。由于黏度的增大，流体在管内流动的黏性阻力也会增大，从而增加泵耗。因此在后续的传热与流动测实验中，选择相变微胶囊质量分数为 5%和 10%的潜热型功能热流体进行测试。

8.6 潜热型功能热流体的传热与流动特性

对流换热系数在热质输运过程中是一项非常重要的参数。圆管内基液和不同微胶囊质量分数的潜热型功能热流体在不同雷诺数下的对流换系数通过如图 8-3 所示的对流换热实验平台进行了测试，测试结果如图 8-11 所示。为了验证对流换热测试系统的有效性，首先采用式(8-6)和式(8-8)对基液的对流换热系数理论值进行了计算，并且与实验值进行了对比。如图 8-11 所示，基液对流换热系数的实验值与理论值曲线吻合度比较高，实验值与理论值的最大偏差约为 11.35%。因此该对流换热实验平台所测得的对流换热系数具有一定的有效性。

从潜热型功能热流体的对流换热测试结果中可以看出，随着雷诺数的增大，基液和潜热型功能热流体的对流换热系数也随之增大。在同一雷诺数下，潜热型功能热流体的对流换热系数明显高于基液，且随着相变微胶囊质量分数的增大，对流换热系数也随之增大。当相变微胶囊的质量分数为 5%时，潜热型功能热流体的对流换热系数约为基液的 2 倍。当相变微胶囊的质量分数为 10%时，潜热型功能热流体的对流换热系数约为基液的 3 倍。研究结果表明，当相变微胶囊添加至基液中后虽然导热系数有所降低，但是对流换热性能明显增强，这是由于相变微胶囊较大的潜热以及在流动通道内产生的微对流效应提高了潜热型功能热流体的对流换热性能。因此潜热型功能热流体与传统的单相传热流体相比，具有更高热质传递与输运能力。

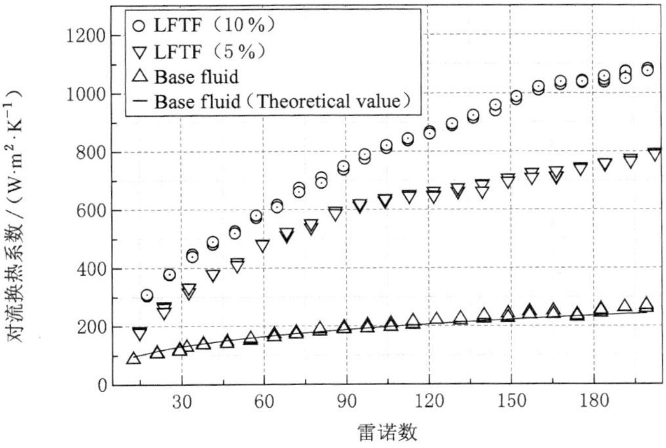

图 8-11　基液和潜热型功能热流体在不同雷诺数下的对流换热系数

8.7　本章小结

本章首先对潜热型功能热流体的物理稳定性进行了测试，确定了使潜热型功能热流体稳定性最佳的基液中无水乙醇和水的比例。然后制备了相变微胶囊质量分数分别为5%、10%、20%、30%、40%的潜热型功能热流体，并对其密度、黏度、导热系数、相变潜热、流动与传热特性等性能进行了研究，揭示了相变微胶囊的质量分数对热物性、传热与流动特性的影响规律。本章主要结论如下：

（1）潜热型功能热流体的密度、导热系数随着相变微胶囊质量分数的增大而减小，而相变潜热则随着相变微胶囊质量分数的增大而增大，相变微胶囊的添加有效提高了相变潜热型功能热流体单位质量的载热能力。

（2）潜热型功能热流体的黏度随着相变微胶囊质量分数的增大而升高，当相变微胶囊的质量分数为5%和10%时，潜热功能型流体的黏度能够保持在9 mPa・s以内。但当相变微胶囊的质量分数为20%、30%和40%时，潜热型功能热流体的黏度迅速增加，当变微胶囊质量分数为40%时黏度已达239 mPa・s。

（3）搭建了对流换热实验平台，对不同微胶囊质量分数下的潜热型功能热流体在圆管内的传热性能进行了测试，结果表明潜热型功能热流体的对流换热系数明显高于基液，且随着相变微胶囊质量分数的增大，对流换热系数也随之增大。当相变微胶囊的质量分数为5%和10%时,其对流换热系数分别约为基液的2倍和3倍。

参考文献

[1] 张仁元.相变材料与相变储能技术[M].北京:科学出版社,2009.

[2] 饶中浩,汪双凤.储能技术概论[M].徐州:中国矿业大学出版社,2017.

[3] 彭犇,岳昌盛,邱桂博,等.相变储能材料的最新研究进展与应用[J].材料导报,2018,32(S1):248-252.

[4] FARID M M,KHUDHAIR A M,RAZACK S A K,et al. A review on phase change energy storage:materials and applications[J]. Energy Conversion and Management,2004,45(9-10):1597-1615.

[5] 沈学忠,张仁元.相变储能材料的研究和应用[J].节能技术,2006,(05):460-463.

[6] 戴彧,唐黎明.相变储热材料研究进展[J].化学世界,2001(12):662-665.

[7] 郭元强,吕社辉,叶四化,等.聚乙二醇-纤维素接枝物固态相变材料的贮热性能[J].高分子材料科学与工程,2005,(01):176-179.

[8] 姜龙,王鹏,张宝云,等.有机相变储能材料的研究进展[J].化学工程与装备,2011,(03):142-143.

[9] ZALBA B,MARIN J M,CABEZA L F,et al. Review on thermal energy storage with phase change:materials,heat transfer analysis and applications[J]. Applied Thermal Engineering,2003,23(3):251-283.

[10] 田禾青.水合盐低共熔相变储热材料的制备与研究[D].兰州:兰州理工大学,2013.

[11] 崔海亭,袁修干,侯欣宾.高温熔盐相变蓄热材料[J].太阳能,2003,(01):27-28.

[12] 张焘,张东.无机盐高温相变储能材料的研究进展与应用[J].无机盐工业,2008,(04):11-14.

[13] 尚燕,张雄.储能新技术--相变储能[J].上海建材,2004,(6):18-20.

[14] 左远志,丁静,杨晓西.中温相变蓄热材料研究进展[J].现代化工,

2005,25(12):15-19.

[15] 魏高升,邢丽婧,杜小泽,等.太阳能热发电系统相变储热材料选择及研发现状[J].中国电机工程学报,2014,(03):325-335.

[16] 崔海亭,彭培英,蒋静智.铝硅合金相变储热材料及储热换热器现状与展望[J].材料导报,2014,28(23):72-75.

[17] ABOKERSH M H,OSMAN M,EL-BAZ O,et al. Review of the phase change material (PCM) usage for solar domestic water heating systems (SDWHS)[J]. International Journal of Energy Research,2018,42(2):329-357.

[18] MURALI G,MAYILSAMY K. Spiral phase-change material for enhancing natural circulation solar water heater: An experimental study[J]. Experimental Heat Transfer,2017,30(2):151-161.

[19] 尹辉斌,丁静,杨晓西.聚焦式太阳能热发电中的蓄热技术及系统[J].热能动力工程,2013,28(01):1-6+105.

[20] PACHECO J E,GILBERT R. Overview of recent results of the Solar Two test and evaluations program[R]. Sandia National Labs.,Albuquerque,NM (US),1999.

[21] HERRMANN U,KEARNEY D W. Survey of thermal energy storage for parabolic trough power plants[J]. Journal of Solar Energy Engineering,2002,124(2):145-152.

[22] HONG T,LI C,YAN D. Updates to the China Design Standard for Energy Efficiency in public buildings[J]. Energy Policy,2015,87:187-198.

[23] 郭茶秀,魏新利.热能存储技术与应用[M].北京:化学工业出版社,2005.

[24] CASTELL A,MARTORELL I,MEDRANO M,et al. Experimental study of using PCM in brick constructive solutions for passive cooling[J]. Energy and Buildings,2010,42(4):534-540.

[25] SONG M J,NIU F X,MAO N,et al. Review on building energy performance improvement using phase change materials[J]. Energy and Buildings,2018,158:776-793.

[26] 赵杰,唐炳涛,张淑芬,等.相变储能材料在工业余热回收中的应用[J].化工进展,2009,28(S1):63-65.

[27] KAIZAWA A,KAMANO H,KAWAI A,et al. Technical feasibility

study of waste heat transportation system using phase change material from industry to city[J]. ISIJ International, 2008, 48(4): 540-548.

[28] 付英,曾令可,王慧,等. 相变储能材料在工业余热回收领域的应用研究进展[J]. 工业炉,2009,31(05):11-14.

[29] 尹辉斌,郭晓娟,高学农. 相变温控在电子器件热控制中的应用进展[J]. 广东化工,2014,(01):75-76.

[30] WU W X, ZHANG G Q, KE X F, et al. Preparation and thermal conductivity enhancement of composite phase change materials for electronic thermal management[J]. Energy Conversion and Management, 2015, 101:278-284.

[31] 饶中浩,张国庆. 电池热管理[M]. 北京:科学出版社,2015.

[32] WANG W, ZHANG X, XIN C, et al. An experimental study on thermal management of lithium ion battery packs using an improved passive method[J]. Applied Thermal Engineering, 2018, 134:163-170.

[33] 饶中浩. 基于固液相变传热介质的动力电池热管理研究[D]. 广州:华南理工大学,2013.

[34] 朱教群,宋铁,周卫兵,等. 基于碳材料的有机复合相变材料导热增强研究进展[J]. 储能科学与技术,2017,6(02):213-222.

[35] 饶中浩,刘臣臻. 相变储能实验与分析[M]. 徐州:中国矿业大学,2018.

[36] 谢望平,汪南,朱冬生,等. 相变材料强化传热研究进展[J]. 化工进展,2008,(02):190-195.

[37] 刘芳,于航. 相变材料蓄能研究进展及其应用[J]. 建筑热能通风空调,2010,(03):34-39.

[38] 伏渭娜,施翔宇,王付同,等. 无硫膨胀石墨的制备及吸油性能[J]. 环境工程学报,2012,(05):1518-1524.

[39] 陈志刚,张勇,杨娟,等. 膨胀石墨的制备、结构和应用[J]. 江苏大学学报(自然科学版),2005,(03):248-252.

[40] 白树林,赵云红. 石墨烯热学性能及表征技术[J]. 力学进展,2014,(00):236-259.

[41] 袁小亚. 石墨烯的制备研究进展[J]. 无机材料学报,2011,(06):561-570.

[42] 张鸿声，汪南，朱冬生，等. 纳米铜粉/石蜡复合相变储能材料的性能研究[J]. 材料导报，2011，(S1)：173-176-189.
[43] 郑文娟. 石蜡/铜纳米粒子复合相变材料储热性能的研究[D]；青岛：青岛科技大学，2012.
[44] 刘臣臻. 相变微胶囊储能过程传热与流动特性研究[D]. 徐州：中国矿业大学，2017.
[45] 李志生，张姝婷. 相变材料的研究进展与应用综述[J]. 建筑节能，2016，(04)：57-60-107.
[46] 胡小冬. 五水硫代硫酸钠相变蓄热材料的制备及其性能研究[D]. 广州：华南理工大学，2014.
[47] 赵睿新，武克忠，王新东，等. 五水硫代硫酸钠非等温脱水过程的确定[C]. proceedings of the 2004 年全国冶金物理化学学术会议，中国郑州，F，2004.
[48] 高学农，胡小冬，陈思婷，等. 五水硫代硫酸钠相变蓄热材料的制备[J]. 华南理工大学学报（自然科学版），2014，(02)：8-13-20.
[49] 李海丽，季旭，冷从斌，等. 膨胀石墨/五水硫代硫酸钠相变储能复合材料热性能[J]. 复合材料学报，2016，(12)：2941-2951.
[50] 李艳，聂光华. 五水硫代硫酸钠在防止 CPU 瞬时过热中的应用研究[J]. 电脑知识与技术，2006，(11)：150-151.
[51] CANBAZOĞLU S，ŞAHINASLAN A，EKMEKYAPAR A，et al. Enhancement of solar thermal energy storage performance using sodium thiosulfate pentahydrate of a conventional solar water-heating system[J]. Energy and Buildings，2005，37(3)：235-242.
[52] 何芳. 基于硅酸钠的二氧化硅包覆高级脂肪族烷烃相变微胶囊的制备及性能研究[D]. 北京：北京化工大学，2014.
[53] 罗瑞涟. 二氧化硅壁材微胶囊相变储能材料制备与性能研究[D]. 广州：华南理工大学，2016.
[54] 祝亚林，梁书恩，周元林，等. 有机改性二氧化硅纳米胶囊化相变材料研究[J]. 含能材料，2016，(06)：576-581.
[55] SONG S K，DONG L J，QU Z Y，et al. Microencapsulated capric-stearic acid with silica shell as a novel phase change material for thermal energy storage[J]. Applied Thermal Engineering，2014，70(1)：546-551.
[56] LATIBARI S T，MEHRALI M，MEHRALI M，et al. Synthesis，

characterization and thermal properties of nanoencapsulated phase change materials via sol-gel method[J]. Energy,2013,61:664-672.

[57] LIU L,ALVA G,HUANG X,et al. Preparation,heat transfer and flow properties of microencapsulated phase change materials for thermal energy storage[J]. Renewable and Sustainable Energy Reviews,2016,66:399-414.

[58] JURKOWSKA M,SZCZYGIELI. Review on properties of microencapsulated phase change materials slurries (mPCMS)[J]. Applied Thermal Engineering,2016,98:365-373.

[59] 吕珊,仇中柱,秦承芳,等. 影响微胶囊相变悬浮液稳定性因素的理论分析[J]. 上海电力学院学报,2016,(03):221-224-230.

[60] 仇中柱,秦承芳,罗鹏,等. 微胶囊相变悬浮液物理稳定性实验研究[J]. 热科学与技术,2016,(05):378-385.

[61] 方玉堂,万伟军. 潜热型功能热流体的研究进展[J]. 材料导报,2009,(15):108-111,116.

[62] 李晓燕,李月明,赵乔乔,等. 相变微胶囊悬浮液的研究进展[J]. 材料导报,2015,(05):57-61.

[63] HOWARD J A,WALSH P A. Heat Transfer Characteristics of Liquid-Gas Taylor Flows incorporating Microencapsulated Phase Change Materials[J]. Journal of Physics:Conference Series,2014,525:012022.